Christine Levy

BERNINA-GLETSCHER:
WO SICH HIMMEL UND EIS BERÜHREN

Il Giardino
dei Ghiacciai
di Cavaglia

ACADEMIA
ENGIADINA

IMPRESSUM

Umschlagfotos:
Vorne: Piz Bernina, Piz Morteratsch und Piz Scerscen im August 2006, C. Levy
Hinten: Blick über Ils Lejins und Silsersee Richtung Malojapass im August 2004, C. Levy

Danksagung:
Romeo Lardi, Giardino dei Ghiacciai di Cavaglia, für die organisatorische und administrative Hilfe und die Ermöglichung der Finanzierung

Prof. Dr. Wilfried Haeberli und Fabian Scheeder für die sorgfältige Durchsicht sowie die zahlreichen fachlichen und grammatikalischen Hinweise und Tipps

Dr. Felix Keller für die Mitarbeit beim Aufbau der inhaltlichen Gliederung

Riccardo Scotti und Prof. Dr. Luca Bonardi für die Karte mit der 1850er Ausdehnung der italienischen Gletscher und für diverse Informationen zu den Gletschern in der Val Malenco

Dr. Giovanni Mortara für die Nachforschungen und Informationen im Zusammenhang mit dem Felssturz auf der Vedretta di Scerscen Superiore

Urs Tinner und Mathis Roffler für ihre Auskünfte aus der Sicht der Bergführer

Dr. Frank Paul für die Ermöglichung des Zugriffs auf das Gletscherinventar

Prof. Dr. Max Maisch für wertvolle Tipps und Ratschläge

Christine Salis und Ulrich Buchli für die vegetationskundliche Unterstützung

Gestaltung: ecomunicare.ch

Lektorat:
Prof. Dr. Wilfried Haeberli (emeritiert), Geographisches Institut der Universität Zürich
Fabian Scheeder

Druck: Tipografia Menghini, Poschiavo - www.tipo-menghini.ch

ISBN: 978-3-905382-04-4

INHALT

DIE BERNINAREGION IM ÜBERBLICK

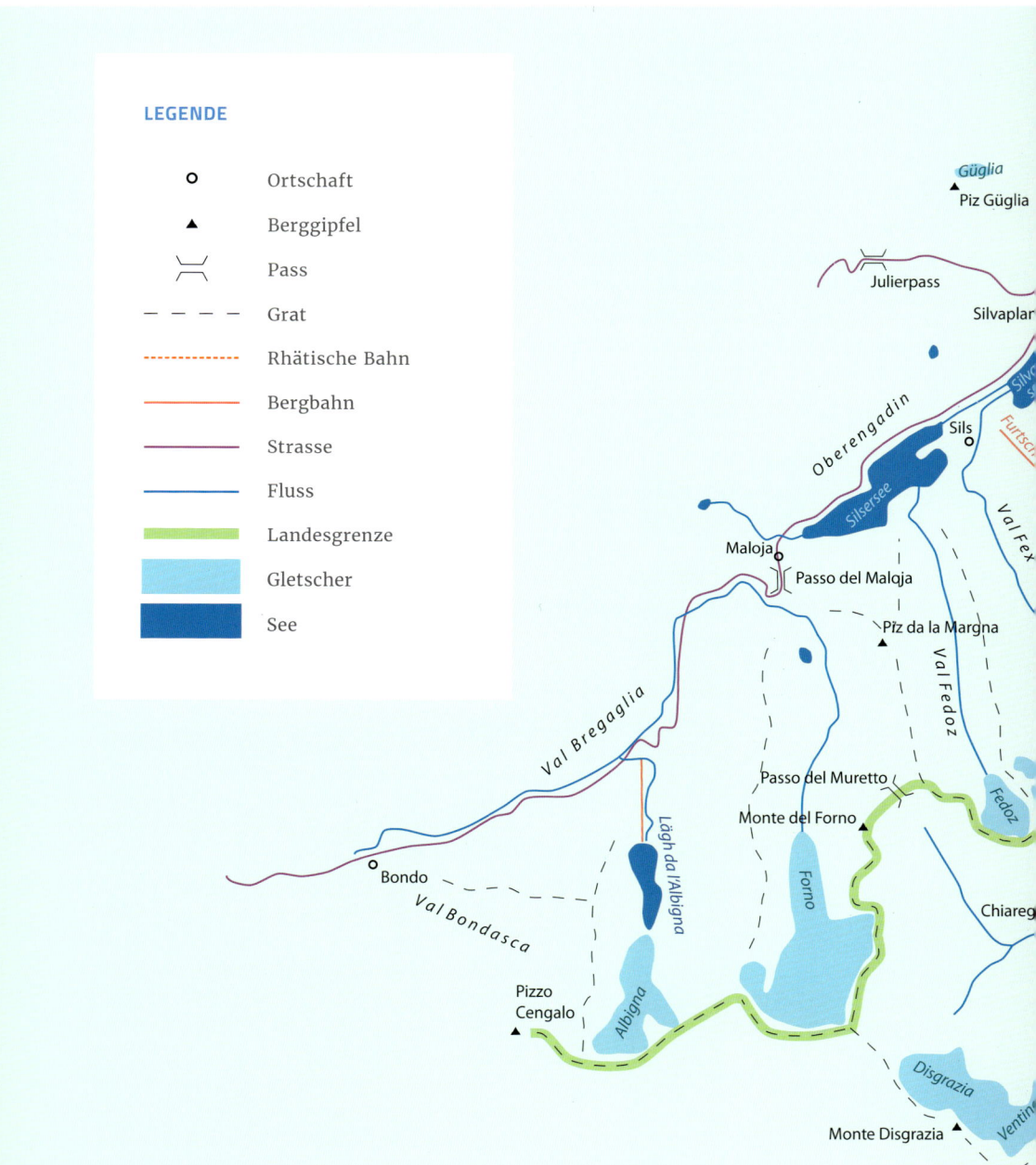

LEGENDE

- ○ Ortschaft
- ▲ Berggipfel
- Pass
- Grat
- Rhätische Bahn
- Bergbahn
- Strasse
- Fluss
- Landesgrenze
- Gletscher
- See

Güglia
▲ Piz Güglia

Julierpass

Silvaplar

Oberengadin

Silvo See

Furtsch

Sils ○

Silsersee

Val Fex

Maloja ○

Passo del Maloja

Piz da la Margna ▲

Val Fedoz

Val Bregaglia

Passo del Muretto

Monte del Forno ▲

Fedoz

Lägh da l'Albigna

○ Bondo

Val Bondasca

Forno

Chiareg

Pizzo Cengalo ▲

Albigna

Disgrazia

Monte Disgrazia ▲

Ventine

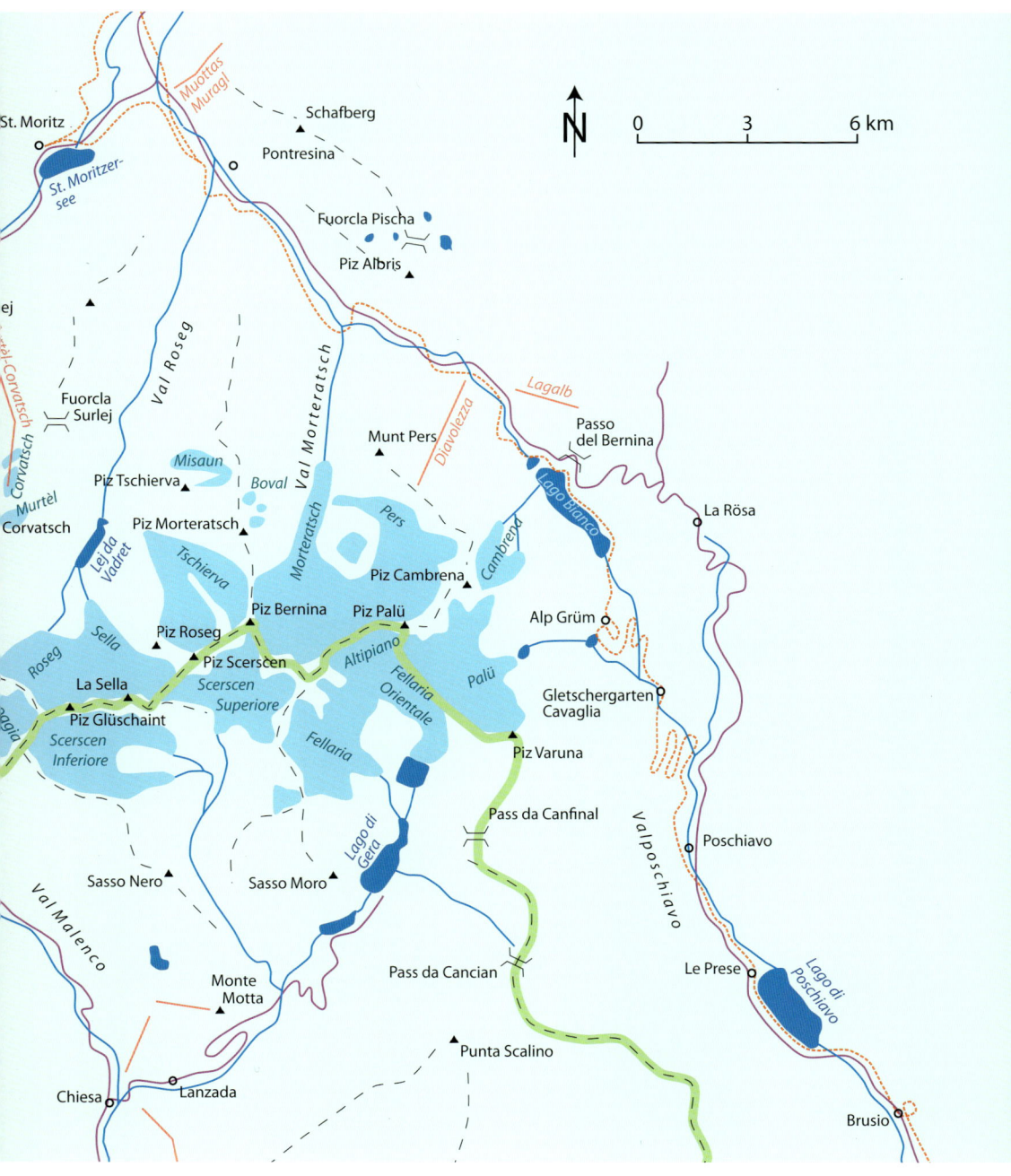

St. Moritz

St. Moritzer-
see

Schafberg

Pontresina

Muottas
Muragl

Fuorcla Pischa

Piz Albris

N

0   3   6 km

ej

Surlej-Corvatsch

Fuorcla
Surlej

Val Roseg

Corvatsch

Lagalb

Murtèl
Corvatsch

Piz Tschierva

Misaun

Boval

Munt Pers

Diavolezza

Passo
del Bernina

Lago Bianco

La Rösa

Piz Morteratsch

Val Morteratsch

Morteratsch

Pers

Tschierva

Lej da
Vadret

Sella

Piz Roseg

Piz Bernina

Piz Scerscen

Altipiano

Piz Cambrena

Cambrena

Piz Palü

Palü

Alp Grüm

Roseg

La Sella

Scerscen
Superiore

Fellaria
Orientale

Gletschergarten
Cavaglia

agia

Piz Glüschaint

Scerscen
Inferiore

Fellaria

Piz Varuna

Lago di
Gera

Sasso Nero

Sasso Moro

Pass da Canfinal

Valposchiavo

Poschiavo

Val Malenco

Monte
Motta

Pass da Cancian

Le Prese

Lago di
Poschiavo

Punta Scalino

Chiesa

Lanzada

Brusio

VORWORT

Immer mehr Menschen wollen die Gletscher und die sie umgeben-
den Gletscherwelten direkter und genauer kennenlernen, ob sie in
den Städten wohnen, wo der Drang nach konkreter Naturerfahrung
zunimmt, oder ob sie ihre Tage in den Bergen verbringen und deren
Faszination und Schönheit fast nicht mehr wahrnehmen.
Ein Gletscher ist nichts anderes als eine Masse aus Eis, entstanden durch die Verdichtung von Schnee, das zu Tale fliesst. In seiner
Bewegung modelliert der Gletscher, der Schwerkraft folgend, die
Landschaft mit Erosions- und Ablagerungsformationen, die richtig
interpretiert wiederum Rückschlüsse auf die Ausdehnung des Eises
in der Vergangenheit erlauben. Dieses Buch verdient wahrhaftig ein
besonderes Lob, da es die gesamte Geschichte der Gletscher um den
Piz Bernina von der Entstehung bis in die letzten Jahre genau be-
leuchtet und zusammenfasst. Es illustriert tausende Jahre ständiger
Veränderungen, Ausdehnungen und Rückzüge mit eingängigen Erklärungen, suggestiven Bildern und beeindruckenden Anekdoten.
Der Stil der Texte ist zugleich elegant und feinfühlig: Die Sätze fliessen dahin und sind doch präzis und reich an wertvollen Hinweisen.

▼ Palügletscher
(August 2017)

Sie sind das Ergebnis minuziöser Arbeit und eingehender Untersuchungen, die nichts auslassen. Besonders die grafische Aufmachung fällt ins Auge: Jedes Detail ist mit erklärenden Karten und atemberaubenden Farbfotografien versehen, die vor dem Leser weite Panoramen ausbreiten und beglückende Ziele auftun.

Die Gliederung des Buches folgt ganz natürlich den verschiedenen Lebensphasen der beschriebenen Gletscher.

Am Anfang wird erklärt, wie sich Gletscher bilden und wie sie die Region um den Piz Bernina bedeckt haben und weiter bedecken.

Wir alle wissen, dass die Erde in den letzten Millionen Jahren starken Klimaschwankungen unterworfen war, die einander in einem ständigen Wechsel von Eiszeiten und wärmeren Zwischeneiszeiten folgten.

Die Fachkompetenz und die erzählerischen, kritischen und illustrativen Fähigkeiten von Dr. Christine Levy werden ergänzt von denjenigen von ecomunicare.ch und des Polo Traduzioni Grigioni Italiano, die für die hervorragende grafische Gestaltung und für die ausgezeichnete Übersetzung der italienischen Fassung verantwortlich zeichnen.

Die packende Darstellung weist trotz der Nüchternheit einen grossen Detailreichtum auf und gibt genau das Leben der Gletscher in der Bernina-Region wieder.

Neben den wissenschaftlichen Erkenntnissen beschreibt das Buch in einem leichten Erzählton die gesamte Welt um das ewige Eis und erlaubt eine angenehme Lektüre.

Dieser Band ist ein würdiges Geschenk zum 20-jährigen Bestehen des Vereins Gletschergarten Cavaglia, und ich bin mir sicher, dass nicht nur Vereinsmitglieder begeistert darin lesen werden, sondern dass er auch für die kommenden Generationen Einsichten birgt, damit sie besser auf unsere Natur achten. Dies ist mein Wunsch zum Jubiläum, in Erinnerung an die vielen Stunden, die ich auf diesen herrlichen Bergen rund um den Piz Bernina verbracht habe.

Bei dieser Gelegenheit möchte ich all denjenigen herzlich danken, die durch ihre Unterstützung die Veröffentlichung dieses Buches erst möglich gemacht haben.

Romeo Lardi
Präsident des Vereins Gletschergarten Cavaglia

EINFÜHRUNG

Wo sich Himmel und Erde ganz nah berühren, eröffnen sich aus dem engen Cockpit eines irdischen Fluggerätes Ausblicke und Einblicke von atemberaubender Pracht und erhabener Tiefe. Vor unseren Augen breitet sich eine Gebirgslandschaft aus, die mit Fug und Recht als «Festsaal der Alpen» bezeichnet wird.

In diesem weiten, luftigen Freiraum zwischen Wolken, Fels und Eis bewegt sich die Autorin Christine Levy Rothenbühler mit segelflie-gerischer Eleganz und gletscherkundlichem Fachwissen. Aus ihrer enthusiastischen Leidenschaft für die Fliegerei und aus ihrer Liebe zu den Bergen und der Berninaregion ist über die letzten Jahre ein Buchprojekt der besonderen Art entstanden.

Mit weit aufgespannten Flügeln und fokussierter Linse durchse-gelt die Pilotin Raum und Zeit. Ihr wachsamer Spürsinn für die glaziologischen und geomorphologischen Phänomene am Boden steuert Flugzeug und Kamera in die günstigste Aufnahmeposition. Die flüchtigen Augenblicke des spontanen Auslösens bannt sie später, nach der sicheren Landung, in stilvoll ausgewählte Standbilder. Der rasanten Flugbahn entschleunigt verführen sie nun unverwackelt zur genussreichen Betrachtung und erweiterten Deutung.

Aus der majestätischen Adlerperspektive bieten sich dem geschulten Auge plötzlich ungewohnte Aussichten und Einsichten. Mit fachge-rechten Erklärungen werden dem interessierten Leser die einzelnen Landschaftsszenerien aus geowissenschaftlichen Blickwinkeln zu-gänglich gemacht. Mosaikartig fügen sie sich zu einem faszinieren-den Gesamtbild des Berninagebietes zusammen. Aktuelle Geschichten und einprägsame Grafiken bereichern das Beobachtbare und verdich-ten das Erlebte zu einem bunten Kaleidoskop der regionalen Erd- und Klimageschichte.

Die grandios aufgetürmte Gipfelsilhouette der Bernina, wie wir sie heute bestaunen und touristisch erfolgreich vermarkten, stellt aller-dings – ganz profan betrachtet – nur eine Momentaufnahme dessen dar, was Verwitterung und Abtrag durch Eis, Wasser, Wind und

Schwerkraft im Verlauf der Jahrmillionen übriggelassen haben. Seit den Urzeiten seiner Entstehung als hochgepresstes Deckengebirge im urkontinentalen Schraubstock zwischen Afrika und Europa zerbröckelt und zerfällt der Alpenkörper unaufhaltsam. Das nur kurzzeitige «Hier und Heute» der emporgewölbten Gebirgskämme bildet als Summenspiel des erdgeschichtlichen Auf- und Abbaus zugleich aber Ausgangspunkt und Neuanfang für künftige Weiterentwicklung.

Auch die von Jahr zu Jahr beschleunigt dahinschrumpfenden Gletscherströme zeugen mit frappanter Eindrücklichkeit von der wegtropfenden Vergänglichkeit selbst des ewigen Eises. Die vertraute Dreiteilung des Menschenlebens in «Werden, Sein und Vergehen» – und hiermit sei an das ergreifende Gemälde-Tryptychon von Giovanni Segantini erinnert – stellt gerade im Wirkungspanorama des Oberengadins gleichsam das perfekte Sinnbild für die allgegenwärtige, zyklische Dynamik des Naturgeschehens dar. Herkunft, Aufbau und Veränderung von Wolken-, Fels- und Eisformationen bis hin zu deren Zerstörung oder Auflösung gehen – in unterschiedlichen Zeitmassstäben – Hand in Hand. Spektakulär, fotogen und wissenswert ist das allemal.

Begegnungen mit der Gebirgswelt – frei schwebend aus der Luft oder auch vom trittsicheren Wanderpfad aus – sind immer mit starken Emotionen verbunden, oft stellen sie persönliche Grenzerfahrungen dar. Für alle diejenigen, die die Formen und Farben alpiner Fels- und Gletscherlandschaften in den Motiven und Nuancen ihrer Pinselstriche, das heisst in den Grundzügen und Vorgängen ihrer Entstehungsgeschichte zu entziffern gelernt haben, kristallisiert sich folgende Erkenntnis eisklar heraus: Hochgebirgslandschaften – und dazu zählt die Bernina in ganz besonderem Masse – sind nicht nur Naturwunder von aussergewöhnlicher Schönheit und imposanter Strahlkraft. Als Arenen und Archive der erdgeschichtlichen Vergangenheit stellen sie entlang der geologischen Zeitskala zugleich ein hochsensibles Spiegelbild des globalen Umwelt- und Klimageschehens dar. Im aufgeheizten Treibhausklima der Erde bilden hier die erschreckend stark zurückweichenden Eismassen der Alpen auf unübersehbare Weise den

Einfluss der jüngeren Menschheitsgeschichte ab. Dies darf uns nicht kalt lassen.

Die festliche Herrlichkeit der Gipfel, Gletscher, Flüsse, Seen und Wälder rund um den Piz Bernina ist nach wie vor überwältigend, deren magische Anziehungskraft scheint ungebrochen. Steigen Sie ein und entschweben sie mit der erfahrenen Pilotin, Wissenschafterin und Buchautorin zu ungeahnten persönlichen Höhenflügen. Auf dem exponierten Passagiersitz wünschen wir Ihnen bei klarer Weitsicht und auf flotten Flugbahnen ein unvergessliches, lehrreiches Lesevergnügen!

Prof. Dr. Max Maisch
Geographisches Institut der Universität Zürich
13. Mai 2018

1 FASZINIERENDE GLETSCHERWELT BERNINA

1a **EISRIESEN AUS DER LUFT**

Steht man unten im Tal und blickt hinauf zu den weiss leuchtenden Gipfeln des Berninamassivs, vermag man diese wilden Schönheiten und diesen unfassbaren Reichtum an Formen und Details nur zu er-ahnen. Doch aus der Vogelperspektive eröffnet sich die ganze Pracht. Ein Flug im Segelflugzeug über die Berninaregion bringt unvergess-liche Ausblicke über Täler, Seen und Gipfel sowie atemberaubende Einblicke in die unberührte Welt der Gletscher, in steile Felsflanken und ins chaotische Gewirr der Eisabbrüche.

▼ Umrahmt von den höchsten Gipfeln der Region fliesst der Morteratschgletscher im gleissenden Licht eines Frühsommertages talwärts.

Die Seilwinde auf dem Engadin Airport zieht das Segelflugzeug in wenigen Sekunden auf 300 Meter über Grund. Im Malojawind gewinnt es schnell an Höhe am Muottas Muragl, am Schafberg oberhalb von Pontresina und im bekannten Aufwind über der Paradis-Hütte. Und schon liegt er da, der mächtige Eisstrom des Morteratschgletschers.

Der Eisstrom dominiert die Val Morteratsch. Weiss glitzert der scheinbar ewige Firn am Horizont, vom einsamen Felszahn der Crast'Agüzza unterbrochen.

Von hier wälzen sich die mächtigen Eismassen träge zu Tale, werden immer steiler und brechen im «Labyrinth» in unzählige Spalten auf, um sich im flachen Teil darunter wieder als kompakter Eisstrom zusammenzufinden, durch fein geschwungene, quer verlaufende Strukturen, sogenannte Ogiven, verziert.

▼ Markant ragt der Felszahn der Crast'Agüzza aus dem Eis.

Doch wie ewig ist das Eis wirklich noch? An heissen Sommertagen spiegelt sich die Sonne im Schmelzwasser in den zahlreichen, kleinen Spalten auf der Gletscheroberfläche. Und der Rückzug der Gletscherzunge ist von Jahr zu Jahr deutlich zu sehen. Wo noch vor wenigen Jahren der Persgletscher in den Morteratschgletscher mündete, tost heute vom feinen Sand und Schlick hellbraun gefärbtes Schmelzwasser über die blanken Felsen.

Im lautlosen Gleitflug schwebt der Flieger am Piz Palü entlang. Selbst hier, in seinen steilen Flanken, findet man Gletscher. Wie angeklebte Eisbalkone hängen sie über dem Abgrund.
Langsam aber stetig wachsen sie immer
weiter nach vorne, hängen immer schwerer
über der gähnenden Leere, bis das vorderste
Stück abbricht und als Eislawine in die Tiefe
stürzt. Zurück bleibt eine Abbruchwand,
welche beim Vorbeifliegen einen Blick in das
Innenleben dieser Hängegletscher erlaubt.
Die Abbruchkante weist eine deutliche
Bänderung auf. Schicht um Schicht liegen
hier übereinander, entstanden im Wechsel der Jahreszeiten aus Schneefällen und
sommerlichen Staubschichten. Kurz hinter
der Abbruchfront öffnet sich bereits wieder
eine neue Spalte. Bald wird wieder ein Stück
Hängegletscher abstürzen.

Im Hangwind gleitet das Segelflugzeug
ohne Höhenverlust über die blendend weisse
Fläche der Bellavista und folgt den Spuren
der Bergsteiger. Da und dort öffnet sich eine
Spalte und erinnert daran, dass unter dieser
weissen Fläche tiefe, dunkle Schlünde lauern,
als hätte ein Riese mit seinem Taschenmesser aus Langeweile Schnitte in die Oberfläche
geritzt. Manche Spalten verlaufen schnur-

◄ Schmelzwasser rauscht
über Felsen, wo früher der
Pers- in den Morteratsch-
gletscher mündete.

▼ Das Spaltenchaos verhalf
dem Labyrinth zu seinem
Namen.

▼▼ Unterhalb des Laby-
rinths haben sich Ogiven
gebildet.

gerade, andere sind sanft geschwungen, manche kreuzen sich. Aus der sicheren Flughöhe kann die Grösse und Tiefe dieser schwarzen Spalten nicht einmal erahnt werden.

Vor der Flugzeugnase erhebt sich nun der Piz Bernina, mit 4049 Metern über Meer der höchste Gipfel nicht nur in der Berninaregion, sondern auch in den gesamten Ostalpen. Kühn schwingt sich der Biancograt rund 500 Meter, einer Himmelsleiter gleich, in die Höhe, um kurz unterhalb des Gipfels zu enden. Der weisse Grat gilt als Wahrzeichen der Bernina und als legendäre Aufstiegsroute für die Bergsteiger. In einer engen Kurve gleitet das Flugzeug um den Biancograt herum und wechselt in die Val Roseg. Auf den ersten Blick erscheint es, als bestünde der Biancograt aus Schnee und hätte sich wie eine Wächte auf dem Felsgrat gebildet. Doch in einem heissen Sommer schmilzt sogar hier teilweise der Schnee und gibt die Sicht frei auf Eis; manchmal taucht sogar eine Spalte auf. Ein richtiger Gletscher ist der

▼ Die Front eines Hängegletschers am Piz Palü scheint jeden Moment abzustürzen und erlauben einen Blick auf die ockerfarbenen Saharastaub-Schichten.

▶ Gletscherspalten zieren die Bellavista. Im Hintergrund ist der Felszahn der Crast'Agüzza sichtbar.

Biancograt aber nicht. Als sogenannte Gratkalotte weist er eine sehr ungewöhnliche Form auf, denn die meisten «normalen» Gletscher liegen in einer Mulde und haben keine gratförmige Oberfläche. Sitzt der Biancograt vielleicht mitten auf einem Felsgrat? Oder hat er sich, vom Winde verblasen, eher auf der linken oder auf der rechten Seite des Felsgrats gebildet? Wie tief mag das Eis wohl sein, und wie schnell fliesst es? Bestimmt ist es am Felsgrat angefroren und bewegt sich nur langsam. Vielleicht ist sein Eis deshalb sehr alt? Von all den Fragen unberührt glänzt die Himmelsleiter in der Nachmittagssonne.

▼ Wie eine Himmelsleiter schwingt sich der Biancograt hinauf zum Piz Bernina.

Klein wie ein Spielzeug wirkt der Segelflieger, der den Felsflanken der mächtigen Bernina entlang Richtung Piz Scerscen und Piz Roseg gleitet. Die Schneehaube des Piz Scerscen grüsst im Gegenlicht. Wie aufgesetzt thront sie auf dem Horizont. Ob sich darunter auch Gletschereis verbirgt? Die Haube lässt sich jedoch nicht unter den Schnee blicken und behält ihr Geheimnis für sich.

Eine tiefe Scharte gibt unvermittelt den Blick in die südliche Val Malenco frei. Zwischen tiefhängenden Wolkenfetzen erscheint bruchstückhaft die Oberfläche der Vedretta di Scerscen Superiore. Doch der Blick wandert wieder zur Scharte. Nach dem Biancograt und der Schneehaube wartet auch sie mit einem ganz speziellen Eisgebilde auf. Der offizielle Name auf der Landkarte, Porta da Roseg, lässt nichts Besonderes erwarten, doch vielleicht wäre der Name «Wäschestapel» treffender. Die Scharte ist aufgefüllt mit einer ganzen Serie von Eisschichten, die den Anblick eines mächtigen Wäschestapels erwecken.

▼ Hell leuchtet die Schneehaube am Piz Scerscen vor dem aufziehenden Gewitter.

Und schon ist die Porta unter der Tragfläche verschwunden, und vor den wie aufgeblasen wirkenden Hängegletschern des Piz Roseg dreht das Flugzeug nach Norden.

Der Tschiervagletscher mit seiner wild aufgerissenen Oberfläche liegt nun tief unter dem Segler. Grosse, scharfkantige Moränenwälle flankieren seine Zunge und führen den Blick weiter das Tal hinunter. Es braucht wenig Fantasie, um sich die damalige Grösse des Gletschers vorzustellen. Aus der Luft präsentiert sich das Ausmass der Schmelze

▼ Wie ein Wäschestapel präsentiert sich das Eis in der Porta da Roseg.

besonders eindrücklich. Die Moränen sind nicht etwa Tausende von Jahren alt, sondern markieren den letzten Höchststand um 1850.

Wie ein Mahnmal umrahmen sie das Gletschervorfeld, wo bereits die ersten Lärchen wachsen.

Die Höhe reicht, um auf der Landesgrenze zu Italien, auf dem Tal-abschluss der Val Roseg in Richtung Westen und Val Fex weiterzu-fliegen. Der Blick öffnet sich nun auf die strahlend weisse Fläche des Rosegggletschers. Aus dieser Perspektive wirkt der breite Gletscher noch ziemlich mächtig. Überall ist die Oberfläche von Spalten zerrissen, die sich zu den unterschiedlichsten Mustern vereinen. Natürlich ist ihre Verteilung kein Zufall, sondern von der Form der darunterliegenden Felsplatten vorgegeben. Die ganze Gletscher-fläche wirkt wie ein gigantisches Kunstwerk. Ein Kunstwerk der Natur, erschaffen nach ihren eigenen Gesetzen. Doch der lange Gletschersee, welcher sich heute anstelle der Gletscherzunge ausbreitet, erinnert an die Vergänglichkeit dieses Kunstwerks.

Der Südwestwind lockt auf der italienischen Seite des Piz Roseg und Piz Bernina mit guten Steigwerten. Während das Flugzeug an Höhe gewinnt, breitet sich darunter bereits das nächste Kunstwerk der Natur aus. Dies-mal heisst es Vedretta di Scerscen Inferiore und besteht aus langgezogenen, parallelen Schuttstreifen, die sich als Mittelmoränen wie Dekorbänder über den Gletscher ziehen. Sie zeichnen seine geradlinige Fliessrich-tung nach. Auf flachen Felsplatten wird das Gletschereis immer dünner und endet schliesslich. Die Schuttbänder aber ziehen

▼ Als mächtige Eisbalkone kleben die Hängegletscher in der steilen Wand des Piz Roseg.

▼▼ Scharfkantige Moränen-wälle umgeben das Vorfeld des Tschiervagletschers.

sich weiter über den Felsen, als wäre hier noch immer Gletschereis. Bis vor einigen Jahren war dies natürlich noch der Fall. Die Moränen blieben nach dem Abschmelzen statt auf dem Eis einfach auf dem Felsen liegen und markieren auch jetzt noch die einstige Fliesslinie des Gletschers. Um dieses Streifenmuster zu betonen, weist auch der Fels farbige Längsstreifen auf.

Doch einer der spektakulärsten Gletscher in der Berninaregion ist zweifelsfrei der Altipiano di Fellaria mit der Vedretta di Fellaria Orientale. Der Name Altipiano, also Hochebene, verheisst noch nichts Aufregendes. Tatsächlich kommt als erstes eine weisse, flache Ebene ins Blickfeld, von keiner Spalte unterbrochen. Die darüber tanzenden Wolkenschatten bilden den einzigen Kontrast. Die Ebene bildet drei Gletscherzungen aus, deren eindrucksvollste den Namen Vedretta di Fellaria Orientale trägt. Dieser Gletscher bricht jäh über eine senkrechte Felswand von fast 100 Metern Höhe ab. Wild zerrissen und zerklüftet schiebt sich das Eis immer näher an den Abgrund.

▼ Die Spalten auf dem Roseggletscher wirken wie ein Kunstwerk.

▶ Hinter der weissen Fläche im Vordergrund erinnert der See im Tal an die Vergänglichkeit des scheinbar ewigen Eises.

▼ Das Streifenmuster der Vedretta di Scerscen Inferiore läuft nahtlos vom Eis auf den Fels über.

▼▼ Der Eisabbruch der Vedretta di Fellaria Orientale sorgt für ständige Eislawinen.

Fast scheint es, als würden die einzelnen Eistürme genau wissen, dass sie bald das Gleichgewicht verlieren werden. Ständig donnern Eislawinen herunter und bleiben, in feine Stücke zerbrochen, unten auf der Gletscherzunge liegen.

Unterdessen ist es Abend geworden; die Sonne neigt sich dem Horizont zu, und die thermischen Aufwinde werden immer schwächer. Zeit für das Segelflugzeug, mit der noch vorhandenen Höhe sicher nach Hause zu gleiten. Es schwebt über die zweite Gletscherzunge des Altipiano di Fellaria, den Palügletscher, hinweg und überquert im Abendlicht den Berninapass, um nach einem eindrücklichen Flug wieder in Samedan zu landen. Ein letzter Blick zurück in die Valposchiavo fängt die Abendstimmung über dem Palügletscher ein.

▼ Noch leuchten die Gletscherflächen des Altipiano di Fellaria und des Palügletschers im Abendlicht, während in der Valposchiavo bereits die Dunkelheit Einzug hält.

DIE BERNINA-GLETSCHER STELLEN SICH VOR

MORTERATSCHGLETSCHER: DER LÄNGSTE

Mit einer Länge von 6.2 km im Jahr 2017 ist der Morteratschgletscher der längste Eisstrom im Berninagebiet. Er nimmt seinen Anfang unterhalb der höchsten Gipfel der Region, dem Piz Bernina (4049 m ü. M.), dem Piz Argient (3942 m ü. M.), dem Piz Zupò (3996 m ü. M.) und der Bellavista (3920 m ü. M.), welche die Grenze zu Italien bilden. Von hier aus fliesst er talwärts Richtung Norden, und seine Oberfläche reisst in ein chaotisches Spaltengewirr auf, sodass er an dieser Stelle den Namen Labyrinth trägt. Darunter wird das Gelände

▼ Der Morteratschgletscher im Juni 2017.

wieder flacher; hier ist der Eisstrom mit 350 Metern am mächtigsten. Gegen die Gletscherzunge hin schmilzt immer mehr Schutt aus und bedeckt das Gletschereis. Der Gletscher endet unmittelbar oberhalb eines Felsriegels, der erst im Jahr 2010 nach langer Zeit unter dem Eis ans Tageslicht kam und innerhalb von nur sechs Jahren komplett ausschmolz. Nur auf der orografisch linken Talseite bedeckt das Gletschereis noch den Felsriegel und reicht weiter hinunter, aber es ist hier so stark zugedeckt von Geröll und Schutt, dass es kaum mehr sichtbar ist. Zwar ist es noch mit dem Gletscher verbunden; da es aber kaum noch fliesst, verdient es die Bezeichnung Toteis.

Von allen Gletschern in der Region wird der Morteratsch wohl am meisten besucht, bestaunt, fotografiert, betreten, erforscht und ver- messen. Vom Bahnhof Morteratsch aus erreichen sogar Spaziergänger in leichten Turnschuhen über einen breiten Wanderweg in weniger als zwei Stunden den Felsriegel mit dem Toteis. Wer jedoch mehr sehen will als schuttbedecktes Eis oder den Felsriegel, sollte besseres Schuhwerk tragen und bereit sein, im weglosen Gelände hochzusteigen.

Mit seiner langgezogenen Gletscherzunge, die tief ins Tal hinab reicht, gehört der Morteratschgletscher in die Kategorie der Talgletscher.

STECKBRIEF

LÄNGE (2015)	6.5 km
FLÄCHE (2015)	7.8 km²
HÖCHSTER PUNKT	4000 m ü. M. (La Spedla)
TIEFSTER PUNKT (2015)	2080 m ü. M.
EXPOSITION	Nord
ERREICHBARKEIT	In der Val Morteratsch, vom Bahnhof Morteratsch in knapp 2 Stunden (Stand 2017) auf gut ausgebautem Wanderweg und Gletscherlehrpfad erreichbar
KATEGORIE	Talgletscher

PERSGLETSCHER: DER VERLORENE

Er hat seinen Ursprung am Piz Palü (3900 m ü. M.) und breitet sich
als flaches, weites Eisfeld, von fein geschwungenen Moränenbändern
und schmalen Spalten verziert, unterhalb der Diavolezza aus und
wird Richtung Morteratschgletscher schmaler und steiler. Bis ins Jahr
2015 sprach man noch vom Pers-Eisfall, der sich mit dem Morteratschgletscher vereinte. Heute fliessen nur noch Pers-Wasserfälle
in den Morteratschgletscher; eine steile Felspartie trennt die beiden
Eisströme voneinander, und der Persgletscher hat seine eigene Glet-

▼ Der Persgletscher im
August 2017.

scherzunge bekommen.

Von der Bergstation Diavolezza aus steht man nach einer halbstündigen Wanderung durch den geröllreichen Hang auf dem Eis des Persgletschers. Hier beginnt die faszinierende und beliebte Gletscherwanderung unter fachkundiger Leitung eines Bergführers hinunter über den Pers- und den Morteratschgletscher. Mit etwas Glück findet man Gegenstände aus vergangenen Zeiten, welche der abschmelzende Gletscher schrittweise preisgibt, beispielsweise Teile eines Flugzeugs das 1938 oder 1939 eine Bruchlandung auf dem Gletscher erlitt. Wie viele Geheimnisse, Schicksale und Geschichten der Persgletscher noch versteckt, können wir nur erahnen.

Bei genügend Schnee können geübte Skifahrer von der Diavolezza aus die Gletscherabfahrt in Angriff nehmen. Sie gelangen nach wenigen Schwüngen über die Moräne auf den Persgletscher und folgen ihm abwärts. Die Strecke führt hinunter auf den Morteratschgletscher und durch das Gletschervorfeld bis zum Bahnhof Morteratsch. Die Abfahrtsroute ist markiert, wird jedoch nicht präpariert. Ohne fachkundige Begleitung und entsprechende Ausrüstung empfiehlt es sich nicht, die markierte Piste zu verlassen.

STECKBRIEF

LÄNGE (2015)	4.78 km
FLÄCHE (2015)	6.75 km²
HÖCHSTER PUNKT	3900 m ü. M. (Piz Palü)
TIEFSTER PUNKT (2015)	2400 m ü. M.
EXPOSITION	Nord
ERREICHBARKEIT	In der Val Morteratsch, von der Bergstation Diavolezza gut sichtbar und in einer halben Stunde erreichbar (Stand 2017), Val Morteratsch
KATEGORIE	Talgletscher

ROSEG- UND SELLAGLETSCHER: DIE GETRENNTEN

Genau genommen besteht der Roseggletscher aus zwei Gletschern: Roseg und Sella. Getrennt durch einen Felsriegel, bilden sowohl Roseg als auch Sella je eine eigene Gletscherzunge. Doch im oberen Teil sind die Gletscher miteinander verbunden und können nicht klar abgetrennt werden. Deshalb sind hier beide Gletscher in einem Kapitel vereint. Sowohl Roseg- als auch Sellagletscher haben einschneidende Veränderungen hinter sich. Bis 2005 wälzten sich beide Eiszungen hinunter bis zum See. Dort endeten sie, wieder vereint, in einer senkrechten, meterhohen Eiswand im Wasser. Immer wieder brachen davon Eisbrocken ab, stürzten mit lautem Getöse in den See und trieben dort als Eisberge davon. Durch das stetige Zurückschmelzen verlor das Eis im Jahr 2006 den Kontakt zum See. Aus der steilen Eisfront wurde in wenigen Jahren eine flache, schuttbedeckte Gletscherzunge.

▼ Sella- (links) und Roseggletscher (rechts) im August 2017.

Doch damit nicht genug: Im Herbst 2010 verlor die Gletscherzunge auch noch den Kontakt zum oberen Teil. In der steilen Felswand, etwa auf Höhe der Coazhütte des SAC, führte eine kleine Eislawine zur vollständigen Trennung der letzten, ohnehin nur noch dünnen Eisbrücke. Die ganze Gletscherzunge über eine Länge von einem Kilometer zählte von diesem Moment an nicht mehr zum Gletscher, sondern wird als Toteis bezeichnet. Von oben kommt kein neues Eis mehr dazu, und das Toteis schmilzt stetig vor sich hin. Es ist komplett zugedeckt mit Geröll, was das Abschmelzen etwas verlangsamt.

Der Sellagletscher verlor bereits im Herbst 2006 den Kontakt zu seiner Gletscherzunge. Auch hier ereignete sich die Trennung in einer steilen Felswand, jedoch nur wenig oberhalb der Gletscherzunge. Trotzdem nehmen Roseg- und Sellagletscher auch heute noch mit 6.7 km² eine grosse Fläche ein und bilden, dank fehlenden Felswänden, den bis nach Pontresina sichtbaren, weiss leuchtenden Talabschluss der Val Roseg. Seit der Rosegletscher seine Zunge verloren hat, zählt er nicht mehr zur Kategorie der Talgletscher, sondern ist nun ein Gebirgsgletscher.

STECKBRIEF

LÄNGE TOTEIS ROSEG (2015)	600 m
LÄNGE ROSEG (2015)	2.38 km
LÄNGE SELLA (2015)	3 km
FLÄCHE TOTEIS ROSEG (2015)	0.078 km²
FLÄCHE ROSEG- UND SELLA (2015)	6.7 km²
HÖCHSTER PUNKT	3535 m ü. M. (Cima Sondrio)
TIEFSTER PUNKT (2015)	2460 m ü. M.
EXPOSITION	Nord
ERREICHBARKEIT	In der Val Roseg, vom Hotel Rosegletscher über 6.5 km zum Toteis; teilweise weglos; Von der Coazhütte SAC über 700 Meter bis zum Rand des Gletschers (Stand 2017)
KATEGORIE	Gebirgsgletscher

TSCHIERVAGLETSCHER: DER AUS DEM SCHULBUCH

Eingerahmt zwischen Piz Tschierva, Morteratsch, Bernina mit Biancograt, Scerscen und Roseg sowie scharfkantigen Moränenwällen links und rechts findet man den Tschiervagletscher nicht nur in Schulbüchern, sondern auch in der Val Roseg. Nirgendwo in der Berninaregion gibt es schöner ausgeprägte Ufermoränenwälle.

Noch weist der Gletscher eine deutliche Zunge auf und zählt zu den grösseren im Berninagebiet. Im Jahr 1988 stürzte eine 300'000 m³ grosse Felsmasse aus der Flanke des Piz Morteratsch auf den Gletscher. Mit dem Eis wanderten die mitunter autogrossen Felsbrocken langsam talwärts. 2017 sind sie bei der Gletscherzunge angekommen und bleiben vor dem Eis im Gletschervorfeld liegen. Die schönste Aussicht auf den Tschiervagletscher geniesst man von der Fuorcla Surlej aus.

Erklimmt man bei der Tschiervahütte des SAC die Moräne, liegt einem der wild zerrissene Gletscher zu Füssen.

◄ Der Tschiervagletscher im August 2017.

STECKBRIEF

LÄNGE (2015)	3.54 km
FLÄCHE (2015)	4.7 km²
HÖCHSTER PUNKT	3950 m ü. M. (La Spedla)
TIEFSTER PUNKT (2015)	2320 m ü. M.
EXPOSITION	Nordwest
ERREICHBARKEIT	In der Val Roseg, vom Hotel Roseggletscher: ca. 4.5 km bis zur Gletscherzunge, teilweise weglos, gut sichtbar von der Tschiervahütte SAC, der Fuorcla Surlej oder der Corvatsch-Bergstation (Stand 2017)
KATEGORIE	Talgletscher

PALÜGLETSCHER: STUFE UM STUFE

Als breite, flache Schneefläche beginnt er auf der Südseite des Piz
Palü. Doch dieser Schein trügt: Nur das östliche Viertel dieser grosszügigen Ebene trägt den Namen Palügletscher; dann folgt, ungefähr
entlang der Wasserscheide, die Landesgrenze zu Italien und der
Namenswechsel zu Altipiano di Fellaria.

▼ Der Palügletscher im
August 2017.

Das Eis des Palügletschers fliesst Richtung Osten in die Valposchiavo, wo es mehrere Geländestufen überwindet und überwand. Auf
jeder eisfrei gewordenen Stufe blieb ein See zurück, sodass heute eine
Abfolge von drei Seen vorhanden ist. Der älteste und unterste See in
der Ebene von Cavaglia ist vom Schmelzwasser mit Geröll, Sand und
Schlick aufgefüllt worden und existiert nicht mehr. Der Lagh da Palü
unterhalb der Alp Grüm wurde durch eine Staumauer vergrössert und
dient der Stromgewinnung. Der Lagh da Caralin liegt wenig höher
als der Bahnhof Alp Grüm und ist von diesem aus nicht zu sehen,
aber auf einem Wanderweg durch fantastische Blumenwiesen in einer
Stunde erreichbar. Er tauchte im Jahr 2003 zum ersten Mal in der
Landeskarte auf und ist bis heute auf eine Grösse von 91'000 m² an-
gewachsen. Doch er ist schon nicht mehr der Jüngste. Die Gletscherzunge hat sich auf die nächsthöhere Felsstufe zurückgezogen, wo seit
2012 der nächste, bislang noch namenlose See wächst. Vermutlich
wird auch er nicht der letzte See sein, den der Palügletscher freigibt.

STECKBRIEF

LÄNGE (2015)	1.5 km
FLÄCHE (2015)	5.3 km²
HÖCHSTER PUNKT	3830 m ü. M. (Piz Palü)
TIEFSTER PUNKT (2015)	2590 m ü. M. (beim neuen See)
EXPOSITION	Ost
ERREICHBARKEIT	In der Valposchiavo, von der Alp Grüm aus gut sichtbar, über einen Wanderweg von knapp 4 km ist der Lagh da Caralin erreichbar
KATEGORIE	Gebirgsgletscher

CAMBRENAGLETSCHER: DER MIT DER GESPALTENEN ZUNGE

Der Cambrenagletscher liegt oberhalb des Lago Bianco an den Hängen des Piz Cambrena. Von der Strasse über den Berninapass sowie von der Rhätischen Bahn aus ist er gut zu sehen. So verwundert es nicht, dass es viele alte und neue Abbildungen und Fotografien gibt, obwohl er es von seiner Grösse her nicht mit Morteratsch-, Roseg- oder Tschiervagletscher aufnehmen kann. Auffällige Moränenwälle beweisen, dass seine Gletscherzunge während des letzten Hochstands um 1850 kurz vor dem Lago Bianco lag. Ein in Fliessrichtung langgezogener Felsriegel gehört zu seinem Markenzeichen. Einst ragte er als Felsinsel aus dem Eis; heute trennt er den Gletscher entzwei, sodass sich zwei Gletscherzungen ausbildeten.

◄ Der Cambrenagletscher im Juli 2015.

STECKBRIEF

LÄNGE (2015)	1.8 km
FLÄCHE (2015)	1.38 km²
HÖCHSTER PUNKT	3330 m ü.M. (Piz Caral)
TIEFSTER PUNKT (2015)	2500 m ü.M.
EXPOSITION	Nordost
ERREICHBARKEIT	In der Val dal Cambrena, vom Berninapass gut sichtbar
KATEGORIE	Gebirgsgletscher

VEDRETTA DI FELLARIA, ALTIPIANO DI FELLARIA, VEDRETTA DI FELLARIA ORIENTALE: DREI GLETSCHER UNTER EINEM NAMEN

Der Name Fellaria kommt drei Mal vor auf der Landeskarte und bezeichnet unterschiedliche Teile eines interessanten Gletschergebildes. Doch sie hängen alle nicht nur über ihren gemeinsamen Namen, sondern auch durch ihre Eisfläche zusammen.

Der Altipiano di Fellaria gehört zu Italien und breitet sich auf der Südseite des Piz Palü und der Bellavista als weite, weisse, flache Ebe-

▼ Altipiano di Fellaria im September 2017.

ne aus. Vermutlich ist das Eis hier sehr mächtig. Die Schmelze dieses Eispanzers auf einer Höhe von 3600 bis 3800 Metern über Meer wird daher viel Zeit beanspruchen. Zurückbleiben werden vermutlich mehrere Seen, die das Abschmelzen des Eises beschleunigen. Die zukünftige Landschaft wird geprägt sein von buckligen Felsplatten mit unzähligen kleinen Seen dazwischen.

An drei Stellen fliesst das Eis vom Altipiano zu tiefer gelegenen Gletschern hinab: nach Osten zum Vadret da Palü, nach Süden zur Vedretta di Fellaria Orientale und nach Westen über den Passo di Sasso Rosso zur Vedretta di Fellaria.

Die Vedretta di Fellaria Orientale endet in einer spektakulären Gletscherzunge. Eine senkrechte Felswand hat den Gletscher 2006 über seine gesamte Breite durchtrennt. Der mächtige Gletscherstrom lässt das Eis auf diese Kante zufliessen, wo es kreuz und quer in Spalten aufreisst, bevor es schliesslich abbricht und abstürzt. Dies passiert so häufig, dass die Trümmer der Eislawinen die darunterliegende Gletscherzunge wieder mit neuem Eis versorgen. Selbst im Sommer bleibt die Stelle unterhalb der Abbruchkante ständig von abgestürztem Eis bedeckt. Trotzdem schmilzt die Gletscherzunge schnell zurück, denn an ihrem Ende hat sich ein See gebildet. Im Sommer erwärmt sich das Wasser und lässt das Eis schneller schmelzen, als dies auf Fels oder Schutt der Fall wäre. Noch im Jahr 2005 war von diesem See nichts zu sehen. Im Herbst 2017 breitete er sich bereits über eine Fläche von 240'000 m² aus. Da er immer noch mit dem Gletscher in Kontakt steht, hat er seine endgültige Grösse noch nicht erreicht.

Die Vedretta di Fellaria ist breiter als lang und liegt auf einer karförmigen Terrasse. Bereits heute sind drei Zungen erkennbar; vermutlich wird der Gletscher einst in drei Teilstücke zerfallen. Dazu gehört ein breiter, flacher Gletscherteil ganz im Süden, eingerahmt von den beiden Gipfeln Punta Marinelli und Cima di Fellaria. Der mittlere Teil ist durch eine herausschmelzende Felsstufe vom südlichen Teil und durch eine Mittelmoräne vom nordöstlichen Teil getrennt. Gegen unten begrenzt ein Felsriegel die Gletscherzunge. Am weitesten nach unten dringt die Gletscherzunge im nordöstlichen Teil. Dieser wird über den Passo di Sasso Rosso vom hochgelegenen Altipiano di Fellaria mit Eis versorgt. Allerdings fliesst das Eis kurz vor der Gletscherzunge über eine Felsstufe, was an der Steilheit und der stark von Spalten zerrissenen Oberfläche erkennbar ist. Hier ist der Gletscher dünn, und es ist wahrscheinlich, dass in naher Zukunft ein Stück Fels zum Vorschein kommt, der den Gletscher durchtrennen wird.

STECKBRIEF
(FÜR ALLE GLETSCHERTEILE MIT DEM NAMEN FELLARIA AUF ITALIENISCHEM STAATSGEBIET)

LÄNGE (2015)	5 km
FLÄCHE (2015)	9.89 km²
HÖCHSTER PUNKT	3820 m ü. M. (Piz Zupò)
TIEFSTER PUNKT (2015)	2560 m ü. M.
EXPOSITION	Süd
ERREICHBARKEIT	In der Val Malenco, vom Rifugio Bignami CAI: auf dem Gletscherlehrpfad
KATEGORIE	Gebirgsgletscher

▼ Vedretta di Fellaria Orientale im Oktober 2017.

▼▼ Vedretta di Fellaria im August 2011.

VEDRETTA DI SCERSCEN SUPERIORE: AUF DER SONNENTERRASSE

Eine Sonnenterrasse ist normalerweise nicht gerade ein guter Platz für einen Gletscher. Und doch breitet sich der Scerscen Superiore genau auf einer solchen aus. Seine flache, breite Terrasse ist gegen Norden hin begrenzt von den höchsten Gipfeln der Berninaregion: Piz Roseg, Piz Scerscen, Piz Bernina und Piz Argient. Mit ihren steilen Felswänden bilden sie einen würdigen Rahmen um die Terrasse herum und ausserdem drei Kare, aus denen das Eis zusammenfliesst. Über die Fuorcla Crast'Agüzza besteht eine Verbindung zum

▼ Vedretta di Scerscen Superiore im September 2017.

46

Morteratschgletscher. Gegen Südwesten hin endet die Terrasse jäh über einem steilen Felsband. Dieses lag einst unter dem Eisstrom, doch 2017 wagt sich nur noch an einer Stelle eine schmale Eiszunge bis zum Abgrund vor. Bis 2012 bestand noch eine Verbindung über den Passo Marinelli Occidentale zur Vedretta di Fellaria. Wie auf dem Altipiano di Fellaria ist auch auf der Vedretta di Scerscen Superiore die Eismächtigkeit gross, und es wird mehr Zeit brauchen als bei einem steilen, dünnen Gletscher, um diese Eismassen abzuschmelzen. Doch der Gletscher liegt relativ tief, zum grössten Teil zwischen 2900 und 3100 Meter über Meer. Mehrfach in den letzten Sommern lag die Schneegrenze höher als die Gletscherfläche. Dies ist für den Scerscen Superiore verhängnisvoll. Weil er so flach ist, erfasst die Schmelze nun praktisch den gesamten Gletscher.

Als spezielles Merkmal trägt er die Trümmer eines Felssturzes auf seiner Oberfläche, der sich um 1980 am Piz Scerscen ereignet hat. Die Gletscherbewegung hat die Gesteine unterdessen vom Berghang weggetragen, sodass sie heute wie verloren auf der weiten Fläche liegen. Ist das Eis auf der Terrasse abgeschmolzen, werden zahlreiche Seen zurückbleiben.

STECKBRIEF

LÄNGE (2015)	2600 m
FLÄCHE (2015)	4.6 km²
HÖCHSTER PUNKT	3690 m ü. M. (Fuorcla da l'Argient)
TIEFSTER PUNKT (2015)	2790 m ü. M.
EXPOSITION	Süd-Südwest
ERREICHBARKEIT	In der Valle di Scerscen, vom Rifugio Marinelli Bombardieri CAI: über 1.5 km, weglos
KATEGORIE	Gebirgsgletscher

VEDRETTA DI SCERSCEN INFERIORE: DIE GESTREIFTE

Flach und breit liegt die Vedretta di Scerscen Inferiore zwischen der Gipfelkette Piz Glüschaint – La Sella – Dschimels - Piz Sella im Norden und Pizzo Malenco – Sassa d'Entova im Süden. Über die Fuorcla Fex-Scerscen oder, auf italienisch, Passo dello Scerscen, ist das Eis mit dem Tremoggia-Gletscher verbunden, wobei die Wasserscheide auch die Landesgrenze ist. Insbesondere im Süden fehlen seitliche Felswände; nur der Pizzo Malenco ragt als Felsgipfel aus dem Eis. Ansonsten reicht der Gletscher bis hinauf zum Grat respektive zum

▼ Vedretta di Scerscen Inferiore im September 2017.

Gipfel des Sassa d'Entova. Das Fehlen von Felswänden hat zur Folge, dass kaum Steine auf den Gletscher fallen und somit auf und im Eis relativ wenig Schutt liegt. Deshalb dominieren unmittelbar vor der Gletscherzunge nicht Schutt und Geröll, sondern blanke Felsplatten. Nur auf der nördlichen Seite sind Felswände vorhanden und darunter schmale, langgezogene Schuttbänder. Diese laufen nahtlos vom Eis über die Gletscherzunge hinab und weiter auf die Felsplatten. Dort blieb der Schutt liegen, als unter ihm das Eis wegschmolz. Die Fels-platten weisen Längsrillen auf sowie, bedingt durch die geologischen Verhältnisse, längsverlaufende, helle Streifen. Von oben gesehen wirkt die ganze Landschaft um die Vedretta di Scerscen Inferiore gestreift.

STECKBRIEF

LÄNGE (2015)	2.75 km
FLÄCHE (2015)	4.7 km²
HÖCHSTER PUNKT	3410 m ü. M. (Pizzo Malenco)
TIEFSTER PUNKT (2015)	2710 m ü. M.
EXPOSITION	Ost
ERREICHBARKEIT	In der Valle di Scerscen, vom Rifugio Longoni CAI über 4 km, von der Alpe Musella via Valle di Scerscen über gut 7 km erreichbar (Stand 2017)
KATEGORIE	Gebirgsgletscher

VADRET BOVAL DADOUR, VADRET BOVAL D'MEZ UND VADRET BOVAL DADAINS: DIE VIER SCHUTTBEDECKTEN

Nein, es ist kein Schreibfehler: Im Titel stehen richtigerweise drei Namen für vier Gletscherflecken. Denn der Vadret Boval Dadains besteht aus zwei getrennten Eisflecken. Und nein, auch im Bild hat sich kein Fehler eingeschlichen: Der Boval-d'Mez–Gletscher ist komplett schuttbedeckt. Auch wenn man ihn nicht mehr direkt sieht, existiert unter dem Schutt noch immer Eis. Die Boval-Gletscher stehen stellvertretend für zahllose solcher oft namenloser Gletscherflecken; sie

▼ Die Boval-Gletscher-
flecken im August 2017.

BOVAL DADAINS

BOVAL D'MEZ

BOVAL DADOUR

werden in Teilflächen zerfallen und unter ihrer Schuttbedeckung verschwinden. Somit wird die Anzahl Gletscher, zumindest kurzfristig, zunehmen.

Berühmte Gletscher sind sie alle vier nicht und wohl auch kaum bekannt. Als kleine Gletscherflecken kleben sie an der ostexponierten Flanke unterhalb von Piz Morteratsch, Piz Tschierva, Piz Boval und Piz Misaun und oberhalb des Morteratschgletschers. Alle vier haben sie keine grosse Zukunft mehr vor sich, denn sie liegen relativ tief: Nur der Vadret Boval Dadains erstreckt sich bis knapp 3400 Meter über Meer; die anderen Gletscher liegen unterhalb von 3200 Metern. Typisch für abschmelzende Gletscher ist ihre starke Schuttbedeckung. Beim Vadret Boval d'Mez ist es gar nicht einfach festzustellen, wie gross er überhaupt noch ist oder ob er überhaupt noch existiert. Beim Vadret Boval Dadour ist die Gletscherzunge bei genauem Hinsehen noch zu erkennen. Hier haben sich auch zwei kleine Seen gebildet. Die sind zu klein, als dass man sie noch als Gebirgsgletscher bezeichnen könnte. Deshalb fallen sie in die Kategorie der Gletscherflecken.

STECKBRIEF

	BOVAL DADOUR	**BOVAL D'MEZ**	**BOVAL DADAINS**
LÄNGE (2015)	570 m	450 m	880 m
FLÄCHE (2015)	0.18 km²	0.09 km²	0.3 km²
HÖCHSTER PUNKT	3190 m ü. M.	3040 m ü. M.	3380 m ü. M.
TIEFSTER PUNKT (2015)	2860 m ü. M.	2800 m ü. M.	2790 m ü. M.
EXPOSITION	Nord	Nordost	Nordost
ERREICHBARKEIT	In der Val Morteratsch, nahe der Bovalhütte SAC, aber weglos, gut sichtbar von der Diavolezza (Stand 2017)		
KATEGORIE	Gletscherfleck	Gletscherfleck	Gletscherfleck

DIAVOLEZZAGLETSCHER: DER ZUGEDECKTE

Seine Lage unterhalb der Bergstation Diavolezza mitten im Skigebiet hat sein Schicksal nachhaltig beeinflusst. Seit 2007 übersteht er den Sommer zugedeckt unter einem weissen Vlies und nicht, wie die anderen Gletscher in der Region, der Sonne und der Schmelze ausgesetzt. Das Vlies breiten die Bergbahnangestellten im Frühling aus. Es verlangsamt die Schneeschmelze stark. Und wo im Sommer der Schnee nicht vollständig schmilzt, schmilzt auch das Gletschereis darunter nicht. Doch die Abdeckung hat nicht primär das Ziel,

▼ Der Diavolezzagletscher im Juli 2006 (links) und August 2017 (rechts).

den Gletscher zu schützen, sondern möglichst viel Schnee über den Sommer zu erhalten. Im Herbst wird das Vlies wieder entfernt, der darunterliegende, letztjährige Schnee verteilt und zu einer Skipiste präpariert, sodass Mitte Oktober die Skisaison eröffnet werden kann. Dies erspart die aufwändige Herstellung von Kunstschnee, der bis Mitte Oktober ohnehin noch nicht produziert werden kann.

Somit hat der Gletscher, nicht wie viele andere sein Nährgebiet, sondern sein Zehrgebiet verloren. Seine gesamte Fläche bleibt das ganze Jahr über schneebedeckt, und dies lückenlos seit 2007. Das bedeutet, dass sich unterdessen der Schnee in Eis umwandeln konnte und der Diavolezzagletscher als einziger Gletscher in der Region an Masse zulegt.

STECKBRIEF

LÄNGE (2015)	424 m
FLÄCHE (2015)	0.03 km²
HÖCHSTER PUNKT	2990 m ü. M.
TIEFSTER PUNKT (2015)	2870 m ü. M.
EXPOSITION	Nord
ERREICHBARKEIT	Bei der Bergstation Diavolezza
KATEGORIE	Gletscherfleck

BIANCOGRAT: DIE HIMMELSLEITER

Der Biancograt ist zweifelsohne eine der berühmtesten Eisformationen in der Berninaregion. Wie eine Himmelsleiter schwingt er sich kühn in die Höhe und bildet eine attraktive, aber auch anspruchsvolle Route zur Besteigung des Piz Bernina. Nur in einem überdurchschnittlich heissen Sommer schmilzt an exponierten Stellen der Schnee und lässt das blanke Eis zum Vorschein kommen.

▼ Der Biancograt im November 2012.

Von seiner Form her nimmt der Biancograt unter den Gletschern eine Sonderstellung ein. Normalerweise bildet sich ein Gletscher in einer Mulde oder auf einer Fläche, wo der Schnee liegenbleibt und weder fortgeweht wird noch als Lawine abgeht. Die Gletscheroberfläche übernimmt mehr oder weniger die Form des darunterliegenden Geländes. Dagegen thront der Biancograt auf einem steilen, nach beiden Seiten exponierten Grat, und sogar das Eis selber hat die Form eines scharfkantigen Grates angenommen. Doch wie sieht es genau unter dem Biancograt aus? Vielleicht sitzt er in der Mitte des Felsgrates? Oder vielleicht, durch den Windeinfluss, leicht seitlich versetzt? Oder der Fels bildet hier gar nicht einen so scharfkantigen Grat wie das Eis? Dies alles bleibt bis auf weiteres sein Geheimnis.

Nur an seinem unteren und oberen Ende erstreckt sich das Eis auch in die steile Felsflanke über dem Morteratschgletscher. Am oberen Ende zieht sich gar ein schmaler Eisstreifen durch die Felswand bis hinunter in den Morteratschgletscher.

STECKBRIEF

LÄNGE (2015)	950 m, davon 640 m als Grat
FLÄCHE (2015)	0.09 km²
HÖCHSTER PUNKT	3993 m ü. M. (Piz Bianco)
TIEFSTER PUNKT (2015)	3568 m ü. M.
EXPOSITION	Nord
ERREICHBARKEIT	Zwischen der Val Morteratsch und der Val Roseg, gut sichtbar vom Corvatsch, Fuorcla Surlej oder Diavolezza
KATEGORIE	Gratgletscher

EISBALKON AM PIZ PALÜ: DER HÄNGENDE

◄ Der Hängegletscher am Piz Palü im Juni 2017.

Seine Lage sieht eher waghalsig aus. Wie aufgeblasen hängt er über dem Abgrund, scheint an der Bergflanke festgeklebt zu sein. Der mächtige Hängegletscher gehört genauso zum charakteristischen und unverwechselbaren Aussehen des Piz Palü wie die drei markanten Felspfeiler. Dank seiner Höhenlage bleibt er von der Schmelze weitgehend verschont. Das heisst aber nicht, dass er unbeschwert immer weiter wachsen kann. Mit seiner wachsenden Eismasse nimmt auch das Gewicht zu, bis irgendwann ein Stück abbricht. Zurück bleibt eine senkrechte Abbruchfront, die wie ein Querschnitt einen Blick in den schichtförmigen Aufbau des Hängegletschers erlaubt. Spalten hinter der Eisfront machen die Zugkräfte im Eis sichtbar. Selten bricht jedoch das ganze Eisstück vor der Spalte ab. Meistens ereignen sich viele, dafür mengenmässig kleine Abbrüche. Diese namenlosen Hängegletscher an der Nordflanke des Piz Palü sind nicht zu verwechseln mit dem Palügletscher auf der Südseite, der weiter oben in diesem Kapitel bereits vorgestellt wurde.

STECKBRIEF

LÄNGE (2015)	150 m
FLÄCHE (2015)	0.045 km²
HÖCHSTER PUNKT	3840 m ü. M.
TIEFSTER PUNKT (2015)	3650 m ü. M.
EXPOSITION	Nord – Nordwest
ERREICHBARKEIT	In der Val Morteratsch, gut sichtbar von der Diavolezza
KATEGORIE	Hängegletscher

EIN FIRNFLECK: DER NAMENLOSE WINZLING

Zugegeben, ein bisschen fehl am Platz wirkt er schon, der namenlose Firnfleck auf der italienischen Seite unterhalb der Fuorcla dal Chapütsch. Aber er ist sogar in der Landeskarte der Schweiz eingezeichnet. Seine Existenz verdankt er ausschliesslich den Lawinen. Denn es ist einzig und allein Lawinenschnee, der sich hier, am Ende der Rinne, jeden Winter so stark anhäuft, dass er den Sommer überdauert. Und wo Schnee regelmässig den Sommer überdauert, wandelt er sich in Eis um. Aufgrund seiner geringen Grösse verdient er die Bezeichnung Gletscher nicht. Doch als Firnfleck sei er hier gerne erwähnt.

◄ Der namenlose Winzling im Oktober 2012.

STECKBRIEF

LÄNGE (2015)	70 m
FLÄCHE (2015)	0.004 km²
HÖCHSTER PUNKT	2350 m ü. M.
TIEFSTER PUNKT (2015)	2300 m ü. M.
EXPOSITION	Süd
ERREICHBARKEIT	In der Val Malenco, nahe des Wanderwegs zwischen Alpe Fora und Rifugio Longoni CAI
KATEGORIE	Firnfleck

1c DIE GLETSCHER AUS DER SICHT DER BERGSTEIGER

Betritt man auf einer Bergtour einen Gletscher, ändert sich nicht einfach nur der Untergrund. Man muss anhalten und sich anseilen; vielleicht müssen auch Steigeisen montiert werden, und der Eispickel kommt in die Hand. Anschliessend wartet eine unglaubliche Formen- und Farbenvielfalt auf die Berggänger: Es ist fast ein Eintauchen in eine andere Welt, denn viele faszinierende Naturphänomene gibt es nur hier. Das Eis präsentiert sich mal rau, grau und mit vielen Steinen durchsetzt, mal glatt und in tiefem Blauton, mal weiss und körnig.

▼ Faszination Gletscher: Eine Wanderung auf einem Gletscher wie hier auf dem Morteratsch bietet eine grosse Vielfalt an Formen und Mustern. Oft geht es nicht lange, bis man sich auf einem Gletscher winzig klein fühlt (August 2016).

Mal ist die Gletscheroberfläche flach und regelmässig, mal formt sie eine unruhige Wellenlandschaft oder reisst zu einem wilden Spalten-chaos auf.

Auch wer sich bis an den Rand einer Spalte wagt und einen Blick hi-nein wirft, wird meistens deren Ende nicht zu sehen bekommen. Der Blick verliert sich in der Dunkelheit dieser bodenlos erscheinenden Schlünde.

▾ Blick in die dunklen Abgründe einer Gletscher-spalte.

Doch es gibt auch kleine Formen zu entdecken. Lustig schlängelt sich ein Schmelzwasserbach über den Gletscher, frisst sich immer tiefer ins Eis und bildet eine kurze Abfolge von engen Schlaufen aus, als erschiene ihm ein gerader Abfluss einfach zu langweilig. Plötzlich steht man vor einer Ansammlung von kleinen, schwarzen Löchern. Hier haben sich kleine, dunkle Steine in der Sonne erwärmt und sind so ins Eis hineingeschmolzen. Es entstehen sogenannte Kryokonit-Löcher. Eine fast gegenteilige Form sind die Gletschertische; grosse Felsbrocken, die wie Pilze aus dem Gletscher zu wachsen scheinen. Mit ihrer Masse schützen sie das darunterliegende Eis vor der Sonnenstrahlung, sodass die Gletscheroberfläche in ihrer unmittelbaren Umgebung viel langsamer schmilzt.

All diese und noch viele weitere Entdeckungen machen jede Gletschertour zu einem einmaligen und besonderen Erlebnis. Dabei muss es nicht unbedingt eine anspruchsvolle Hochtour sein. Bereits eine technisch einfache Gletscherwanderung von der Diavolezza nach Morteratsch, wie sie in den Sommermonaten von der Bergsteigerschule Pontresina angeboten wird, bietet vielfältige Entdeckungen und bleibende Eindrücke.

Doch so faszinierend und attraktiv die Gletscher für Berggänger und Wanderer auch sind: An die Bergführer stellen sie immer wieder neue Herausforderungen. Wohl kaum jemand verbringt so viel Arbeitszeit auf Gletschern wie die Bergführer. Sie sind es gewohnt, immer wieder mit Veränderungen konfrontiert zu sein. Doch mit der Gletscherschmelze haben die Veränderungen eine neue Dimension bekommen. Die Gletscher werden nicht nur kürzer, sie werden auch dünner und legen immer mehr loses Geröll frei.

Neue Gefahren drohen vor allem durch eine Zunahme von Steinschlag. Wo der Schnee früher im Jahr wegschmilzt oder wo das Gletschereis verschwunden ist, können sich nun Steine lösen. Auch altbekannte Spaltenmuster beginnen sich zu verändern. Dies kann eine Route heikler machen, es kann aber auch eine bisher gefährliche Stelle entschärfen. Die zunehmende Ausaperung im Sommer macht so manche Route über Eisgrate und durch Eiswände heikler, anspruchsvoller und gefährlicher als früher. Statt im Schnee bewegt man sich in einem heissen Sommer zunehmend auf blankem Eis, selbst auf Höhen über 3500 m ü. M.

Der Zustieg von der Tschiervahütte auf die Fuorcla Prievlusa muss hinter sich bringen, wer anschliessend den Biancograt unter die Füsse nehmen will. Steinschlag gefährdete diesen Zustieg immer mehr, sodass eine Alternativroute gesucht werden musste. Doch in den letzten Jahren war auch die ursprüngliche Route durch die Flanke wieder besser begehbar. Auch Hängegletscher und Séracs (siehe Kapitel 2b «Immer im Fluss») werden infolge der Erwärmung kleiner. Von ihnen geht deshalb eine kleinere Ab- respektive Einsturzgefahr aus als früher.

Diese Veränderungen betreffen auch die Anforderungen an den Bergführer. Schliesslich muss er entscheiden, ob der Gast den immer anspruchsvolleren Bedingungen gewachsen ist. Und so braucht er wohl je länger je mehr den Mut, auch mal Nein zu sagen, umzukehren oder nur einen statt mehrere Gäste mitzunehmen, besonders dann, wenn Eltern oder Grosseltern eine Tour ihren Kindern oder Enkeln offeriert haben, die sie selber vor Jahren unter viel einfacheren Bedingun-

▼ Es müssen nicht immer Steinchen sein: Hier hat sich ein Ast erwärmt und ist ins Eis gesunken. Vermutlich haben Wanderer das Stück Holz auf den Gletscher gebracht.

▼▼ Wie ein Pilz steht dieser einsame Gletschertisch auf dem Morteratschgletscher.

gen durchführen konnten. Viele Routen, die früher einfach waren, sind heute als mittelschwer einzustufen. Auf vielen Routen muss man heute mehr Höhenmeter zurücklegen und braucht entsprechend mehr Zeit und Kondition als früher, weil sich die Gletscheroberflächen abgesenkt haben.

◄ Der warme Sommer 2015 liess den Schnee selbst am Biancograt auf einer Höhe von über 3600 m ü. M. schmelzen (August 2015).

► Der Spinas-Pfeiler am Piz Palü (rot markiert) wird heute viel seltener erklettert, da er häufig ausgeapert und brüchig ist (August 2017).

◄ Das Eis wird immer dünner, sodass sich das Spaltenmuster bei der Bellavista verändert. Hier verlaufen die Spalten neuerdings parallel zur Route, mit der unangenehmen Folge, dass man sich allenfalls längere Zeit auf einer Schneebrücke über der Spalte bewegt (gestrichelt eingezeichnet Spuren von Bergsteigern, Juni 2017).

► Deutlich schwieriger ist die Besteigung des Piz Glüschaint geworden, da zwischen La Sella und Glüschaint die Spalten viel weiter offen sind als früher. Trotz einer mächtigen Schneedecke klaffen unterhalb La Sella offene Spalten (März 2018).

1d SEEN FÜR JEDEN GESCHMACK

Die Berninaregion ist voll von Seen, auch wenn die meisten nicht bildfüllend die Landschaft dominieren. Bereits heute gibt es mehr Seen als Gletscher, und es werden in Zukunft noch mehr. Man findet sie überall: Sie dominieren den Talboden im Oberengadin, sie füllen das Tal aus bei Poschiavo, sie prägen die Passlandschaft am Berninapass, sie laden zum Bade im Stazerwald, sie sind gestaut in der Val Malenco, sie zieren Gletschervorfelder und sie füllen karge Schuttlandschaften mit tiefblauen Farbtupfern.

▼ Der Lago di Poschiavo liegt oberhalb von Brusio, wo das Tal breiter wird (April 2018).

Und während die Gletscherflächen stetig abnehmen, werden die Seen immer zahlreicher und faszinieren uns mit ihrer Vielfalt. Die Berninaregion hat Seen in den verschiedensten Grössen, Formen, Farben und Höhenlagen zu bieten. Einige existieren schon seit Tausenden von Jahren, andere sind gerade am Entstehen. Einige zieren Tourismusprospekte, viele haben nicht mal einen Namen. Manche sind beliebte Ausflugsziele, und andere erhielten noch kaum je Besuch. Auch wenn die Geschmäcker bekanntlich verschieden sind - ihren Lieblingssee werden hier alle finden.

Der Silsersee ist der grösste See in der Region. Den kleinsten zu nennen, ist hingegen ein Ding der Unmöglichkeit, denn je kleiner die Seen sind, desto grösser ist ihre Zahl und desto schwieriger wird es, sie zu finden. Zu den grössten Seen gehören der Silvaplaner-, Champfèrer- und St. Moritzersee sowie der Lago di Poschiavo. Vertreter der Stauseen sind Lago Bianco, Lägh da l'Albigna, Lago di Gera und Lago di Sasso Moro.

▼ Der Lej da Staz sorgt für einen Farbtupfer, obwohl das der herbstliche Stazerwald eigentlich gar nicht nötig hätte (Oktober 2017).

▼ In der hinteren Val Languard und auf der Fuorcla Pischa hat sich der Albrisgletscher schon länger verabschiedet. Nun sorgen zahlreiche Seelein für Abwechslung in der Schuttlandschaft (August 2014).

▶ Am Ufer dieses winzigen, blauen Sees in der Bildmitte hat noch kaum je ein Mensch gestanden: Er liegt mitten in der Schwemmebene vor dem Morteratschgletscher (Juli 2017).

▶ Der Engadin Skimarathon ist vorbei und das Eis wird in der Frühlingssonne langsam dünn. Doch noch ist der Silsersee gefroren (März 2017).

▼ Der Lago Bianco auf dem Berninapass ist zwar nicht der einzige Stausee in der Region, aber der einzige mit zwei Staumauern, eine Richtung Valposchiavo, eine Richtung Engadin (August 2009).

▼ Der Lej da Vadret im Vorfeld des Sella- und Rosegggletschers ist bereits länger als der Gletscher selbst (August 2016).

Die meisten der grösseren Seen weisen eine langgezogene Form auf, welche durch ihre Lage im Talboden vorgegeben ist. Ein besonders typisches Beispiel dafür ist der Lej da Vadret in der hinteren Val Roseg.

Einige Seen sind dank ihrer speziellen Form unverwechselbar: Der Lej Alv in der Val Fex erinnert an eine Hand und der Lej da Pischa auf der Fuorcla Pischa läuft in einer langgezogenen Spitze aus. Nur einen perfekt runden See sucht man vergeblich. Seen, die noch am Wachsen sind, findet man entlang der Gletscher. Viele davon sind Winzlinge, aber es entstehen auch ein paar grössere. So hat sich an der Vedretta di Fellaria Orientale bereits ein stattlicher See gebildet, der jedes Jahr ein Stück grösser wird, solange er noch Kontakt mit der Gletscherzunge hat. Der jüngste See am Palügletscher in der Valposchiavo hat Jahrgang 2012, und auch er wird jedes Jahr ein bisschen grösser.

Seen auf der Gletscheroberfläche sind selten und haben meistens eine kurze Lebensdauer. Auf dem namenlosen Gletscher südlich des Piz Varuna hat sich 2010 ein See breitgemacht. Mittlerweile ist der Gletscher praktisch verschwunden, der See aber ist geblieben und liegt nun einfach nicht mehr auf Eis, sondern auf Fels und Schutt.

▼ Der Lej Alv in der Val Fex erinnert an eine Hand (August 2008).

▼▼ Der Lej da Pischa auf der Fuorcla Pischa läuft spitz auf die Val da Fain zu (September 2009).

Viele Namen geben bereits einen Hinweis auf die Farbe des Sees. Von weiss über zahlreiche Blau- und Grüntöne sowie von rot bis schwarz steht alles zur Auswahl. Zwar gibt es nur einen Lago Bianco, doch es gibt mehrere Seen mit dem Namen Lej Alv. Sie alle sind vom Gletscherschmelzwasser gespiesen, was ihre weissliche Farbe bewirkt. Genauso zahlreich vertreten sind die Lej Nairs: Man findet sie oft von Wald umgeben in einer Moorlandschaft.

▾ Zwei Seen, die 2017 noch nicht ausgewachsen waren: links an der Vedretta di Fellaria Orientale (Oktober 2017), und rechts am Palügletscher (August 2017).

In der Val Morteratsch auf der westlichen Talseite kann hin und wieder im Spätsommer ein winziges, rotes Seelein beobachtet werden. Es liegt unterhalb des Vadret Boval Dadour im Schutt. Seine Rotfärbung ist entweder auf das Vorhandensein von blühenden Algen oder auf einen hohen Eisenanteil im Gestein zurückzuführen.

Den Seen gehört die Zukunft in der Berninaregion. Sie profitieren vom Abschmelzen der Gletscher, werden zahlenmässig stark zunehmen und vielleicht dereinst neue Ausflugsziele definieren. Jedenfalls werden die neuen Seen noch viel zu reden und diskutieren geben, da sie auch für die Stromproduktion interessant sein oder, im Fall eines drohenden Ausbruchs, eine Gefahr darstellen könnten.

▼ Ein See macht sich auf dem Gletscher südlich des Piz Varuna breit (August 2010).

▼ Auf dem Berninapass liegen der Lago Bianco (Weiss-See) und der Lej Nair (Schwarz-See) keine 100 Meter voneinander entfernt. Wie der Name zeigt, trennt sie nicht nur die Farbe, sondern auch die Sprachgrenze.

▼ Geheimnisvoll rot leuchtet das Seelein vor dem Boval-Dadour-Gletscher (August 2006).

▶ Die Zukunft gehört den Seen, nicht den Gletschern – auch wenn sie noch so klein sind wie hier am Piz Cambrena (Juli 2010).

1e GLETSCHERTÖPFE UND GLETSCHERHÖHLEN

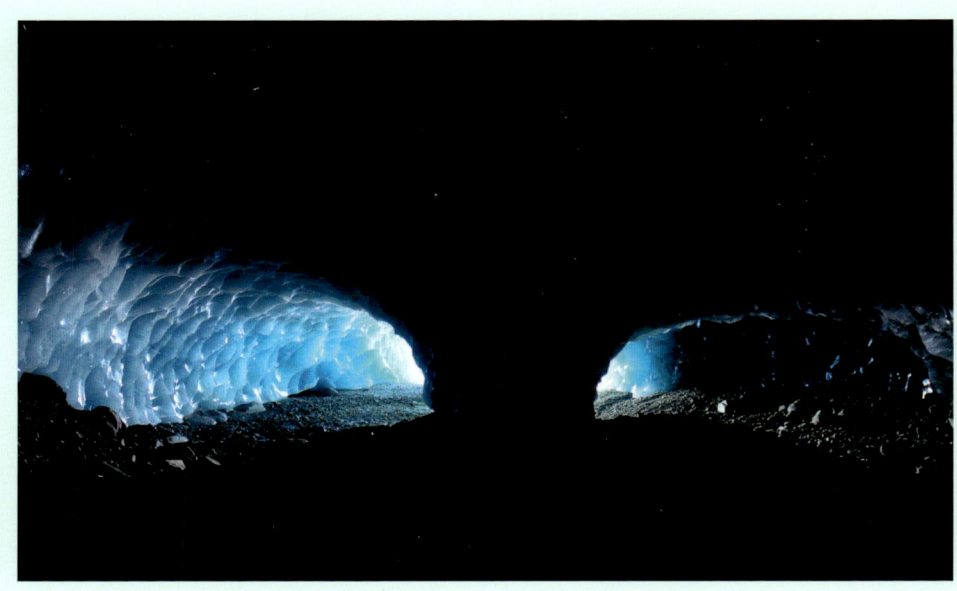

Sowohl Gletschertöpfe als auch Gletscherhöhlen sind Hohlformen, und beide hat nicht der Gletscher selbst, sondern das Schmelzwasser geschaffen –doch könnten diese beiden Hohlformen unterschiedlicher nicht sein. Während die Töpfe vor mehr als 10'000 Jahren im harten Fels entstanden sind, bilden sich die Höhlen immer wieder für kurze Zeit im Gletschereis.

◄ Zwei vom Schmelzwasser erschaffene Hohlformen, einmal im Eis und einmal im Fels: Gletscherhöhle (oben) und Gletschertopf (unten).

Wer die Faszination der Gletschertöpfe erleben will, kommt um einen Besuch im Gletschergarten in Cavaglia nicht herum. Der Anblick der runden, bis zu fünf Meter tiefen Töpfe im Fels zieht Gross und Klein in seinen Bann und lässt uns an Kunstwerke denken, Kunstwerke, welche die Naturkräfte erschufen. Wie treffend ist doch der italienische Name «Marmite dei Giganti» - Töpfe der Riesen.

Dass uns diese prächtigen Töpfe ihre innere Schönheit präsentieren, ist aber nicht ganz selbstverständlich und auch nicht den Naturkräften zuzuschreiben. Im ursprünglichen Zustand findet man die Töpfe nämlich mit Wasser, Erde, Steinen, Kies und Schlamm aufgefüllt vor; ihre Tiefe und ihre feingeschliffenen Formen kann man sich so kaum vorstellen. Trotzdem erkannten die Puschlaver bereits 1975 die verborgenen Schönheiten und deren touristisches Potenzial und diskutierten die Idee, die Töpfe auszuschaufeln und freizulegen. Man kam aber auch zu der Erkenntnis, dass der Aufwand immens sein würde. Doch noch grösser war die Neugierde. Einen ersten Versuch zum Ausschaufeln unternahmen die Pfadfinder unter der Leitung von Plinio Tognina. Schliesslich beendeten Lehrlinge der Rhätischen Bahn (RhB) zusammen mit Mario Costa, Aldo Fanconi und Giovanni Lardelli im Jahr 1994 die Arbeit; sie hatten den ersten Topf vollständig ausgeschaufelt.

Sofort erkannte man in der Valposchiavo nicht nur die wunderschönen Formen als Kunstwerke der Natur, sondern auch die Möglichkeit, sie als einmaliges Landschaftselement, idealerweise auch gleich noch in der Nähe des Bahnhofs gelegen, einer breiten Öffentlichkeit zu zeigen. Rasch formierte sich eine Gruppe von Idealisten, die Feuer für die Gletschertöpfe gefangen hatten. Sie gründeten 1998 den Verein

«Gletschergarten Cavaglia» mit dem Ziel, die Gletschertöpfe freizulegen und zu erschliessen. Es folgten Jahre mit viel Arbeit und grossen Anstrengungen, aber auch mit viel Begeisterung und Erfolgen. In
schweisstreibender Handarbeit, mit Schaufeln, Pickeln und Kesseln
an Seilwinden, legten Vereinsmitglieder, zahlreiche freiwillige Helfer
und immer wieder Lehrlinge der RhB, der Schweizerischen Post und
der Pilatus-Flugzeugwerke Topf um Topf frei. Bis 2017 wurden so 32
Töpfe ausgeschaufelt.

▾ Ein freigelegter Glet-
schertopf im Gletschergarten Cavaglia eröffnet seine
Schönheit.

Heute führt ein sorgfältig angelegter Rundgang durch den Gletschergarten, von Topf zu Topf, über Felsbuckel und Moore, vorbei am Aussichtspunkt über die Valposchiavo und hinunter zur Schlucht neben den Bahngleisen, wo das Wasser tobt und bis heute am Felsen schleift. Tafeln informieren über die Entstehung der Töpfe und stellen jeden einzelnen Topf mit einem Steckbrief über Tiefe, Breite und Zeitpunkt der Freilegung vor. Der Verein Gletschergarten Cavaglia zählt gegen 1900 Mitglieder im In- und Ausland und bietet in der Sommersaison regelmässig Führungen an.

Auch in Maloja findet man Gletschertöpfe, die jedoch nicht freigelegt sind, sodass man ihre Tiefe und Form nur erahnen kann. Genau wie in Cavaglia liegen sie auf einem Felsriegel knapp vor einer Steilstufe.

Entstanden sind die Gletschertöpfe, als sich die letzte Eiszeit dem Ende zuneigte und die gewaltigen Eisströme abschmolzen. Früher glaubte man, dass die grossen, rundgeschliffenen Steine, die man in den Töpfen findet, während Jahrzehnten oder sogar Jahrhunderten, vom Wasserstrom ständig bewegt, die Hohlformen in den harten Fels geschliffen haben. Diesem stetigen, langsamen Mühlprozess verdankten die Gletschertöpfe auch ihren früheren Namen Gletschermühle. Doch heute gilt eine andere Entstehungstheorie. So sollen die Töpfe in sehr kurzer Zeit, vielleicht sogar nur in einem Jahr, entstanden sein, doch dazu mehr im Kapitel 2d «Die Eiszeit und ihre Spuren».

Doch das heisst nicht, dass es heute keine Gletschermühlen mehr gibt. Es sind aber nicht Hohlformen im Fels, sondern solche im

▼ Unzählige schweisstreibende Stunden verbrachten die Helfer beim Ausgraben der Töpfe (Foto: GGC).

▼▼ Ein gut ausgebauter Rundweg erlaubt faszinierende Einblicke in die Tiefe der Gletschertöpfe (Foto: GGC).

Eis – und sie bilden manchmal den Eingang in eine Gletscherhöhle. An warmen Sommertagen sammelt sich das abfliessende Schmelzwasser auf der Gletscheroberfläche; diese Bäche können so gross werden, dass man sie nicht mehr überschreiten kann. Meistens stürzen sie irgendwann in eine Spalte oder ein Loch, eine sogenannte Gletschermühle, um ihren Weg unter dem Gletscher fortzusetzen.

▼ Eine Gletschermühle auf dem Morteratschgletscher: Hier verschwindet das auf der Gletscheroberfläche abfliessende Schmelzwasser, um seinen Weg im oder unter dem Gletscher fortzusetzen (August 2013).

Unter dem Gletscher frisst sich das Wasser einen Tunnel ins Eis und fliesst darin weiter, bis es in der Regel an der tiefsten Stelle, beim sogenannten Gletschertor, wieder zum Vorschein kommt. Wenn diese Schmelzwassertunnels unter dem Gletscher genug gross sind, kann man sie im Winter betreten.

Manche dieser Gletscherhöhlen sind so gross wie eine Turnhalle; andere werden immer enger und enger, bis man nicht mehr weiterkommt. Manche Gänge liegen in völliger Dunkelheit, bei anderen dringt Tageslicht durch eine Gletschermühle oder ein Einsturzloch hinein.

In jedem Fall sollten sie nur im Winter bei deutlichen Minustemperaturen betreten werden. Dann kommt man mit Steigeisen auf dem gefrorenen Bach gut vorwärts, und die Einsturzgefahr der Eisdecke ist deutlich geringer. Gletscherhöhlen sind meist nur kurzlebige Phänomene und überstehen selten den nächsten Sommer. Besonders beim Morteratsch- und Rosegggletscher haben sich seit 2009 immer wieder Höhlen gebildet und sind wenig später wieder eingestürzt oder weggeschmolzen.

▼ Ein Loch in der Decke bringt Licht ins Innere der Eishöhle in der Val Roseg (März 2015).

▼▼ Nur die Taschenlampe erhellt den immer enger werdenden Gang im Toteis des Rosegggletschers (März 2016).

1f LAVASTRÖME IM ENGADIN?

Man findet sie zahlreich in der Berninaregion: Die auffälligen
Schuttzungen, die im Innern aus einer zähflüssigen Masse zu
bestehen scheinen und aussehen wie Lavaströme, die im Zeitlupen-
tempo abwärts fliessen. Besonders in der tiefstehenden Abendsonne
kommen die Fliesswülste schön zur Geltung. In der Regel findet man
die Schuttzungen oberhalb der Waldgrenze und meistens auch an
vegetationslosen Stellen. Ihre Formenvielfalt kennt kaum Grenzen:
Mal verlaufen die Fliesswülste nur leicht geschwungen, dann wieder
bilden sie einen chaotischen Faltenwurf. Schöne Exemplare sieht man

▼ Zähflüssig anmutende
Schuttzungen bei der Mit-
telstation Murtèl am Cor-
vatsch (links, August 2002)
und in der Val Muragl
(rechts, August 2001).

aus der Seilbahngondel der oberen Sektion am Piz Corvatsch sowie in der Val Muragl, wo die aufgewölbte Front bereits von der Aussichtsplattform Muottas Muragl aus erkennbar ist.

Das Geheimnis dieser Fliessformen liegt unter der Oberfläche, gut verborgen nicht nur vor unseren Blicken, sondern auch vor den wärmenden Sonnenstrahlen. An jenen Stellen bleiben die Temperaturen das ganze Jahr über unter null Grad Celsius – es herrschen also Permafrostbedingungen (siehe Kapitel 2f: «Unsichtbarer Permafrost»). Schmelz- und Regenwasser gefriert zwischen den Steinen der Schutthalde. So kann sich unterirdisch eine beträchtliche Menge an Eis bilden. Da dieses mehr Volumen als Wasser in Anspruch nimmt, führt dies zu den oft aufgewölbt wirkenden Formen. Das Eis weist zähplastische Eigenschaften auf und fliesst somit langsam talwärts. Man nennt diese lavastromartigen Formen Blockgletscher.

▼ Die aufgewölbten Formen dieses Blockgletschers unterhalb des Piz Boval in der Val Morteratsch verraten das Vorhandensein von Eis im Untergrund (August 2008).

▼ Die schönen Fliesswülste in der Bildmitte auf dem Blockgletscher oberhalb von Surlej bleiben erhalten, auch wenn der Permafrost auftaut. Dies ist bereits im Gang, wie die Vegetation im unteren Teil der Zunge zeigt (Kreis). Die Pflanzen können nur wachsen, weil die Fliessbewegung des Blockgletschers praktisch aufgehört hat. Auf dem hellen Band im oberen Teil verläuft im Winter die Skipiste der Hahnen-see-Abfahrt, welche den Blockgletscher quert (Juli 2009).

Blockgletscher zeigen also zuverlässig Permafrost an. Das Oberenga-
diner Klima mit kalten Wintern und eher wenig Schnee begünstigt
das Vorkommen von Permafrost und somit auch der Blockgletscher.
In schneereichen Gebieten findet man sie seltener, da eine mächtige
Schneedecke isoliert und verhindert, dass die Schutthalde im Winter
auskühlen kann.

Aber nicht jede lavastromartige Form enthält noch Eis und fliesst. Es
gibt auch inaktive Blockgletscher, die langsam aber sicher ein Opfer
der steigenden Temperaturen werden. Erwärmt sich der Permafrost
und beginnt das Eis wärmer und damit weicher zu werden, nimmt
die Fliessgeschwindigkeit vorerst zu.
Schmilzt dann aber das Eis, hört die Fliessbewegung auf und der Blockgletscher bleibt
stehen. Im Gegensatz zu einem richtigen
Gletscher kann er sich nicht zurückziehen.
Doch ohne Eis und ohne Fliessbewegung
beginnen die Pflanzen, auf der Schutzzunge
Wurzeln zu schlagen. Der Blockgletscher
wird langsam grün, meist zuerst in der
steilen, aber feinkörnigen Zungenfront. Die
Fliesswülste jedoch bleiben erhalten und
können manchmal selbst unter einer geschlossenen Vegetationsdecke noch erkannt
werden.

▼ Im oberen Bild sind die
Fliesswülste nicht bewach-
sen – ein deutlicher Hinweis
auf Permafrost. Die helle
Stirn zeigt, dass die Kriech-
bewegung aktiv ist. Auf dem
unteren Bild sind zwar die
Fliessformen noch erkenn-
bar, doch Pflanzen breiten
sich bereits darauf aus. Hier
ist kaum mehr Eis im Boden
(Skigebiet Corvatsch-Furt-
schellas, August 2007).

2 WISSENSWERTES

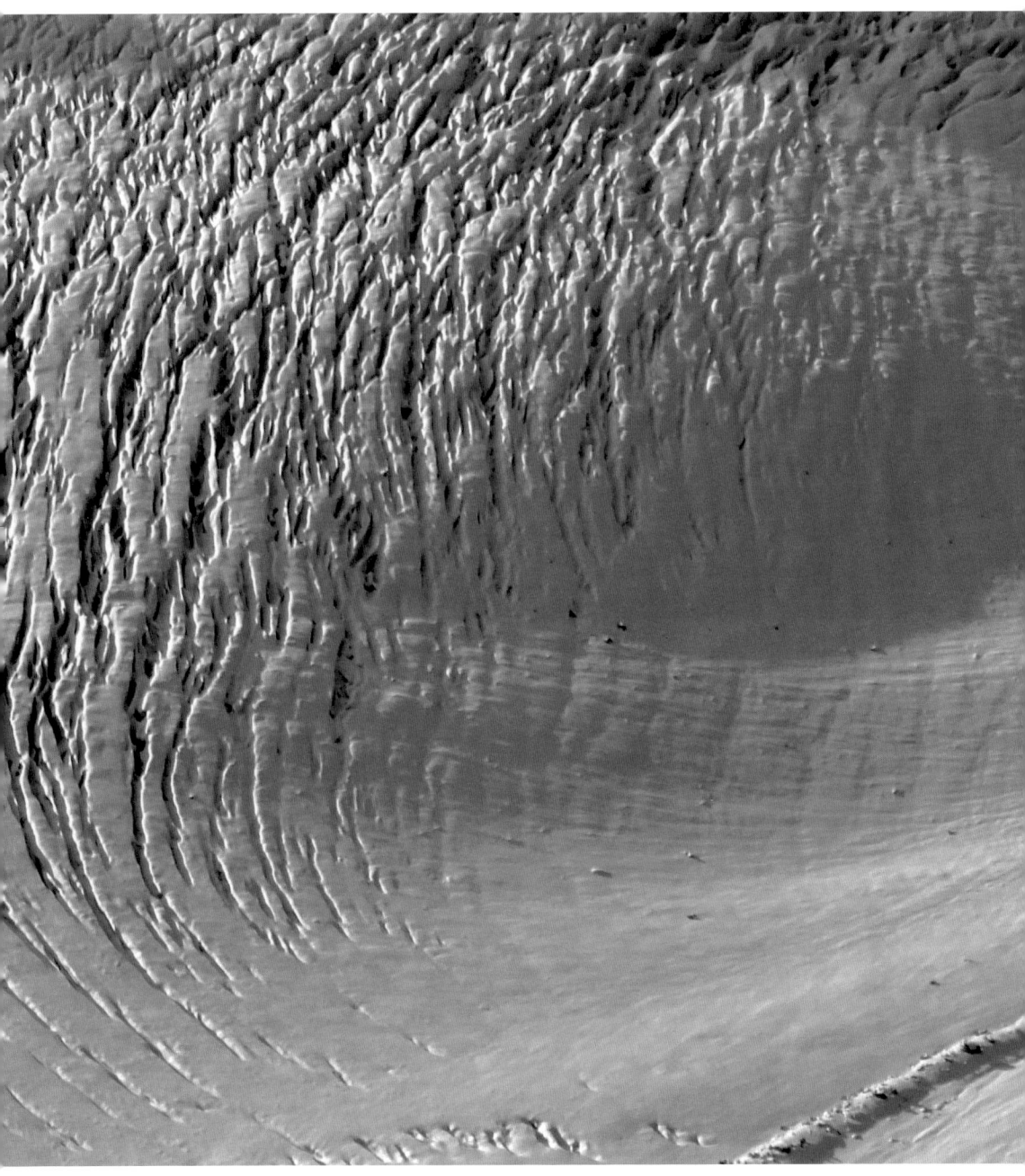

2a AM ANFANG WAR DIE SCHNEEFLOCKE

ENTSTEHUNG VON GLETSCHEREIS

Welche Bedingungen müssen gegeben sein, damit ein Gletscher entsteht? Wie bildet sich das Eis in den steilen Bergflanken? Und wieso gibt es an einigen Orten Gletscher und anderswo nicht?

▼ Frisch gefallene Schneesterne, jeder sieht anders aus.

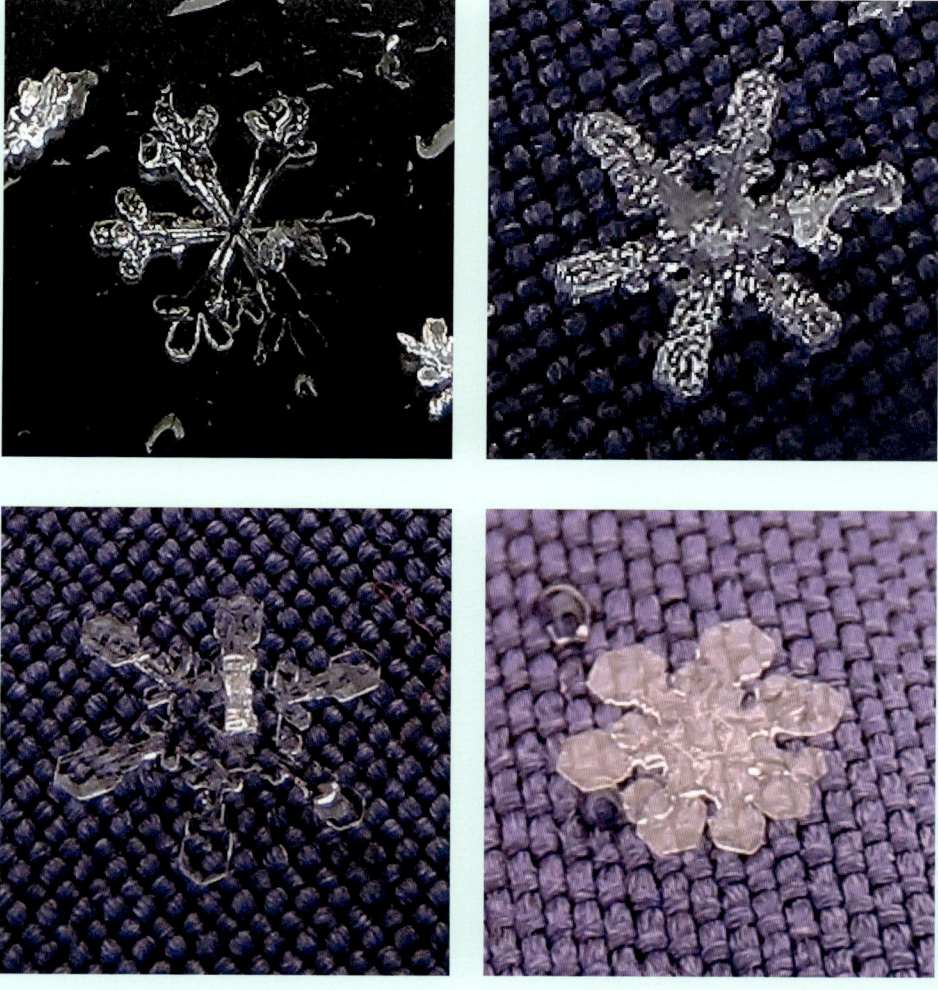

Alles beginnt mit frisch gefallenem Schnee.

Millionen von Schneesternen bilden eine lockere Neuschneedecke.
Ein langer, mehrjähriger Umwandlungsprozess steht ihnen nun bevor, bis sie zu Gletschereis werden. Die Voraussetzung ist aber, dass
der Schnee das ganze Jahr über liegen bleibt.

Kaum ist der lockere Neuschnee gefallen, setzt die Umwandlung
ein. Die filigranen, stets sechsarmigen Schneesterne zerbrechen.
Im Verlaufe des Winters verändern sie ihre Form immer mehr hin
zu runden Körnern ohne verästelte Oberflächen. Wind, Temperatur,
weitere Niederschläge und die Sonneneinstrahlung beeinflussen diesen Prozess und verwandeln den lockeren Neuschnee in eine immer
kompaktere Altschneedecke. Die runden Schneekörner brauchen weniger Platz; sie rücken näher zusammen. Der Schnee setzt sich und
wird dichter, die Zwischenräume werden kleiner und der Luftanteil in
der Schneedecke nimmt ab. Wiegt eine frische Neuschneedecke ungefähr 100 Kilogramm pro Kubikmeter, verdoppelt oder verdreifacht
sich das Gewicht bis Ende Winter.

▼ Der frisch gefallene
Schneestern verwandelt
sich bis Ende Winter in ein
rundes Korn.

Hat der Schnee einen Sommer überdauert, nennt man ihn Firn. Er besteht aus runden, ungefähr gleichgrossen Körnern. Im nächsten Winter fällt Neuschnee auf den Firn. Die neue Schneedecke drückt die einjährigen Firnkörner noch stärker zusammen; der Firn wird dichter, die Zwischenräume kleiner, und der Luftanteil nimmt weiter ab. Irgendwann ist der alte Schnee so dicht geworden, dass in den kleinen, voneinander isolierten Zwischenräumen weder Luft noch Wasser zirkulieren können. Aus Neuschnee ist Eis entstanden; die Dichte beträgt nun über 900 Kilogramm pro Kubikmeter, und es ist

▼ Aus den Schneesternen ist im Laufe mehrerer Jahre luft- und wasserdichtes Gletschereis entstanden.

luft- und wasserdicht. In den Alpen dauert dieser Prozess Jahre bis Jahrzehnte.

NÄHRGEBIET UND ZEHRGEBIET

Ein Gletscher kann nur entstehen, wenn der Schnee auch im Sommer liegen bleibt. Doch Gletscher erstrecken sich bis weit unterhalb der Schneegrenze. Diese nennt man auf dem Gletscher auch Gleichgewichtslinie, weil sich hier Schneefall und Schneeschmelze gerade die Waage halten. Die höchste Lage der Gleichgewichtslinie Ende Sommer zeigt, wo der Gletscher Schnee zugelegt und wo er Eis verloren hat. Genau wie der Witterungsverlauf schwankt auch die Höhe der Gleichgewichtslinie von Jahr zu Jahr.

▼ Im August 2014 (oben) lag die Gleichgewichtslinie viel tiefer als im August 2017 (unten), wie die beiden Aufnahmen vom Fortezzagletscher, zwischen Pers- und Morteratschgletscher gelegen, zeigen.

Oberhalb der Gleichgewichtslinie befindet sich das Nähr- oder Akkumulationsgebiet. Es bleibt das ganze Jahr über schneebedeckt. Wie es der Name sagt, entsteht hier neues Eis; der Gletscher legt dort also an Masse zu. Unterhalb der Gleichgewichtslinie liegt das Zehr- oder Ablationsgebiet. Solange hier noch Schnee liegt, schützt dieser als ausgezeichneter Isolator das darunterliegende Gletschereis vor Wärme und der Sonnenstrahlung und somit vor dem Schmelzen. Im Ablationsgebiet kommt aber irgendwann während des Sommers der Zeitpunkt, zu dem der Schnee verschwunden ist. Jetzt schmilzt das Eis, und der Gletscher verliert an Masse.

Vergleicht man während eines Jahres die Masse, welche der Gletscher im Winter in Form von Schnee hinzugewinnt mit jener, die im Sommer durch Abschmelzen verloren geht, bekommt man die Massenbilanz. Um die Menge von Schnee und Eis miteinander vergleichen zu können, rechnet man beides in die entsprechende Wassermenge um und spricht vom Wasseräquivalent, das in Metern angegeben wird. Verliert der Gletscher im Sommer mehr Eis durch Schmelze als im Winter durch Schneefall dazukommt, hat er eine negative Massenbilanz. Kommt im Winter dagegen mehr Schnee dazu als im Sommer schmilzt, ist die Massenbilanz positiv (siehe auch Kapitel 2c «Vom Klima geprägt»).

▼ Gleichgewichtslinie (Schneegrenze), Nährgebiet (schneebedeckt, oberhalb der Gleichgewichtslinie) und Zehrgebiet (ausgeapert, unterhalb der Gleichgewichtslinie) am Beispiel des Tschiervagletschers (August 2014).

NÄHRGEBIET, AKKUMULATIONSGEBIET

SCHNEEGRENZE, GLEICHGEWICHTSLINIE

ZEHRGEBIET, ABLATIONSGEBIET

▼ Die Bilder zeigen den Misaungletscher westlich des Piz Boval Ende Juli (oben) und Ende August 2016 (unten).

Innerhalb eines Monats ist die Schneegrenze stark angestiegen und der grösste Teil der Gletscherfläche ausgeapert.

Eine einfache Faustregel sagt, dass für eine ausgeglichene Massenbilanz Ende Sommer, wenn die Schneegrenze ihre höchste Position erreicht hat, noch mindestens die Häfte bis zwei Drittel der gesamten Gletscherfläche schneebedeckt sein müssen. Oder anders gesagt: Das Akkumulationsgebiet muss doppelt so gross sein wie das Ablationsgebiet.

▼ Von einer schattenspendenden Felswand geschützt, war auf dem Vadret Güglia Ende August 2016 noch über die Hälfte seiner Fläche schneebedeckt.

Die Grösse des Akkumulations- und Ablationsgebiets unterliegt von Jahr zu Jahr grossen Schwankungen, die vom Wetter geprägt sind. Die gefallene Schneemenge und die Schneefallgrenze im Winter sowie die Temperaturen im Sommer spielen dabei eine grosse Rolle.

Bis ein Gletscher aber kürzer wird, sind mehrere aufeinanderfolgende Jahre mit einer negativen Massenbilanz nötig. Doch dazu mehr im Kapitel 2c «Vom Klima geprägt».

Aber auch topographische Verhältnisse beeinflussen die Lage der Gleichgewichtslinie. Ein Gletscher in einer schattigen Lage am Fusse einer nordexponierten Felswand hat eine tiefere Gleichgewichtslinie als ein südexponierter Gletscher ohne schattenspendende Felswand.

In Regionen, wo es jeden Winter grosse Schneemengen gibt, liegt die Gleichgewichtslinie tiefer als in trockenen Regionen, wo nur wenig Schnee fällt. Im schweizweiten Vergleich fällt in der Berninaregion eher wenig Schnee, sodass die Gleichgewichtslinie höher liegt als beispielsweise am Alpennordhang.

2b IMMER IM FLUSS

GLETSCHERFLIESSEN

Aus dem Alltag kennen wir Eis als feste, unverformbare Masse. Doch der Schein trügt: Gletschereis fliesst unter dem Einfluss der Schwerkraft langsam talwärts; dabei reissen da und dort Spalten auf. Das Eis weist also zähplastische Eigenschaften auf, verformt sich bis zu einem gewissen Punkt und zerreisst bei zu starker oder zu schneller Dehnung. Die geschwungenen Mittelmoränen auf dem Persgletscher kann man von der Diavolezza aus wunderbar beobachten. Der aus den

▼ Die Mittelmoränen auf dem Persgletscher machen die Fliesslinien des Eises sichtbar (September 2016).

▼ Die interne Deformation entsteht durch das Verschieben der Eiskörner gegeneinander (dunkler Pfeil).
Das Gleiten auf dem Untergrund kommt nur dort vor, wo Schmelzwasser unter dem Gletscher vorhanden ist (heller Pfeil).

Zusammen mit der internen Deformation bestimmt das Gleiten am Untergrund die Fliessgeschwindigkeit eines Gletschers (links: nur interne Deformation; rechts: interne Deformation und Gleiten am Gletscherbett). In dieser Grafik sind die Eiskörner stark vergrössert gezeichnet.

Felswänden auf den Gletscher gestürzte Schutt zeichnet die Fliesslinien des Eises nach.

Bei der Zunge bewegt sich der Morteratschgletscher mit einer mittleren Fliessgeschwindigkeit von 10 bis 30 Metern pro Jahr. Langsam
genug, dass man das Eis nicht von blossem Auge vorbeifliessen
sieht, aber schnell genug, dass man von Jahr zu Jahr Veränderungen
feststellt, wenn man sich die Position eines markanten Steines merkt,
der auf der Eisoberfläche liegt. Dabei setzt sich diese Fliessbewegung

▼ Blick ins Gletschertor
des Morteratschgletschers.
Die Eislamellen zeigen
eindrücklich, wie stark
sich Eis verbiegen lässt,
bevor es bricht (August
2012).

aus zwei Komponenten zusammen: Gleiten auf dem Untergrund, das sogenannte basale Gleiten und die interne Deformation.

Bei der internen Deformation verschieben sich die einzelnen Eiskörner gegeneinander, wie ein Stapel Spielkarten, die man auf eine geneigte Fläche stellt und auf die man von oben Druck ausübt. Die interne Deformation ist dafür verantwortlich, dass Eis bei Spannungen nicht sofort bricht, sondern sich ein Stück weit dehnen oder verbiegen lässt. Sie trägt auch den grössten Teil zur Gletscherbewegung bei. Irgendwann wird aber die Spannungskraft zu gross, und es kommt zum Bruch. Eine Gletscherspalte entsteht.

Das Gleiten auf dem Untergrund, auch Gletscherbett genannt, kommt nur unter den Bedingungen vor, dass genügend Schmelzwasser in und unter dem Gletscher vorhanden ist. Der Druck dieses Wassers verringert die Reibung am Gletscherbett. Dies funktioniert aber nur unter der Bedingung, dass das Eis, zumindest am Gletscherbett, die Schmelztemperatur von null Grad Celsius erreicht. Man spricht dann von einem temperierten Gletscher.

Je mehr Wasser am Gletscherbett vorhanden ist, desto schneller gleitet der Gletscher. Dabei spielt aber auch die Beschaffenheit des Untergrundes eine Rolle. Über eine glatte Felsplatte gleitet das Eis besser als über eine raue, zerfurchte oder geröllhaltige Oberfläche. Hochgelegene Gletscher sind am Untergrund angefroren und gleiten nicht, sofern ihr Gletscherbett Temperaturen unter null Grad Celsius aufweist. In diesem Fall spricht man von einem kalten Gletscher. Sowohl der Wasserfilm als auch Schmelzwasser fehlen.

Die Fliessbewegung kommt alleine durch interne Deformation zustande. Die Hängegletscher an den steilen Felsflanken des Piz Palü oder Piz Roseg sind Beispiele für kalte Gletscher. Hier ist auch die Temperatur der Felswände unter null Grad Celsius, es herrschen Permafrostbedingungen (siehe Kapitel 2f «Unsichtbarer Permafrost»).

Schnell fliessende Gletscherpartien sind in den Alpen meist tempe-

riert, steil und liegen auf einem glatten Felsuntergrund.
In der Mitte des Gletschers fliesst das Eis am schnellsten, hier ist es auch am dicksten und die interne Deformation somit am grössten. Und der Reibungswiderstand vom Fels oder Moränenmaterial bremst gegen die Ränder hin etwas ab. Dies führt zu bogenförmigen Quer-

▼ Die Hängegletscher am Piz Roseg (oben, Juli 2011) und Piz Palü (unten, Mai 2011) sind kalte Gletscher und somit am Untergrund angefroren.

strukturen, die auf dem Morteratschgletscher unterhalb des Laby-rinths wunderschön sichtbar sind.

Ende der 1930er Jahre verunfallte ein Flugzeug bei der Landung auf dem Persgletscher. Mit etwas Glück findet man Teile des Flugzeugs, die ein gutes Stück unterhalb der Unfallstelle aus dem Eis ausschmelzen. Doch welchen Weg haben die Teile im Gletscher zurückgelegt, und wie-so sind sie im Gletscher verschwunden und tauchen heute wieder auf? Alles, was im Nährgebiet auf dem Gletscher zu liegen kommt, wird

▼ Gegen den Rand hin ist die Fliessgeschwindigkeit kleiner. Dies macht der bogenförmige Verlauf der Querstrukturen, der sogenannten Ogiven, un-terhalb des Labyrinths gut sichtbar (Juli 2016).

RICHTUNG GLETSCHERZUNGE

STEILSTUFE LABYRINTH

eingeschneit. Da im Nährgebiet der Schnee auch im Sommer nicht abschmilzt, blieben die Flugzeugtrümmer fortan unter dem Schnee. Jedes Jahr fällt mehr Schnee, als im Sommer abschmilzt, und es bildet sich Eis. So entfernte sich die Gletscheroberfläche immer weiter vom Wrack, oder anders gesagt: Dieses tauchte immer weiter in den Gletscher hinein. Gleichzeitig aber transportierte es das fliessende Eis langsam aber stetig talabwärts.

So kam es, dass die Trümmer irgendwann die Gleichgewichtslinie passierten und sich nun im Zehrgebiet befinden. Jetzt schmilzt jeden Sommer nicht nur der Schnee, sondern auch etwas vom Gletschereis. Das Wrack kommt der Gletscheroberfläche jedes Jahr ein Stück näher und taucht langsam wieder auf, bis es irgendwann ausschmilzt und auf dem Eis liegen bleibt.
Je weiter oben im Nährgebiet ein Gegenstand zu liegen kommt, desto weiter unten schmilzt er wieder aus. Sein Weg kann als eine bogenförmige Linie nachgezeichnet werden, die unter der Gleichgewichtslinie ihren tiefsten Punkt erreicht.
Auch Steine, die aus den Felswänden auf den Gletscher fallen, unternehmen diese Reise. Da sie erst im Zehrgebiet wieder ausschmelzen,

▼ Abtauchende Fliesslinien im Nährgebiet, auftauchende im Zehrgebiet am Beispiel des Chapütschingletschers.

▸ Plötzlich tauchen Steine aus dem Persgletscher auf. Vermutlich gehören sie alle zum selben Felssturz und fielen einst im Nährgebiet auf den Gletscher (September 2016).

▸ Zwei ausschmelzende Schuttbänder zieren die Zunge des Palügletschers und zeigen, wie die Fliesslinien im Zehrgebiet an die Oberfläche gelangen (Oktober 2014).

GLEICHGEWICHTSLINIE

sind Mittelmoränen typische Merkmale des Zehrgebiets; im Nährgebiet sucht man sie hingegen vergeblich. Je näher wir zur Gletscherzunge kommen, desto mehr Steine tauchen aus dem Eis auf und sammeln sich auf der Oberfläche. Deshalb sind Gletscher im unteren Teil oft stark schuttbedeckt.

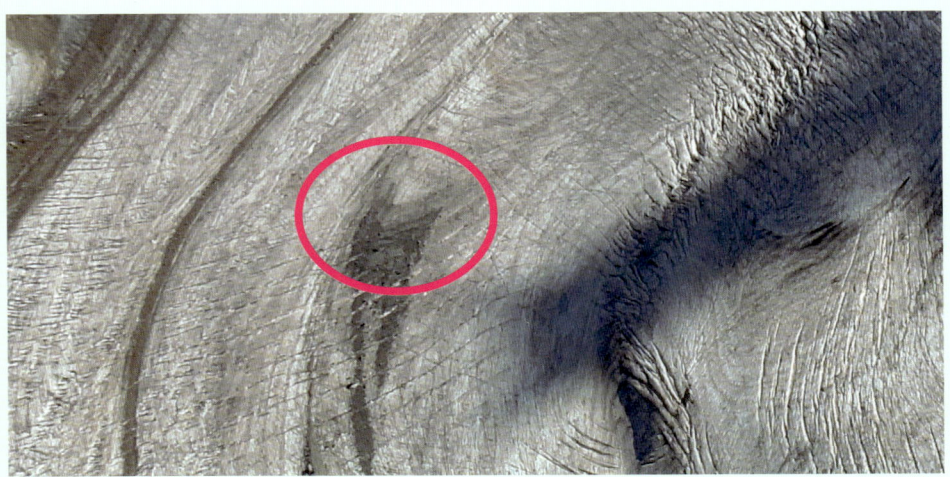

▼ Spaltendetail am Roseg-
gletscher (Mai 2011).

▼▼ Entstehung von
Querspalten auf dem
Sellagletscher über einem
Geländeknick. Der blaue
Pfeil zeigt die Richtung der
grössten Zugspannung und
Dehnung (Oktober 2010).

QUERSPALTEN

ENTSTEHUNG VON SPALTEN

Gletschereis als zähplastisches Material verformt sich unter Zug-
oder Druckspannung. Wird es unter Zug zu schnell gedehnt, bricht es.
Eine Gletscherspalte öffnet sich. Manchmal ist die Gletscheroberfläche regelrecht zerrissen von unzähligen, scheinbar in alle Richtungen
verlaufenden Spalten, die sich überlagern. So trägt die Steilstufe des
Morteratschgletschers nicht grundlos den Namen «Labyrinth».

Üblicherweise verengen sich die Spalten nach unten und schliessen
sich ganz, bevor sie das Gletscherbett erreichen.
Gletscherspalten öffnen sich immer quer zur
Richtung der grössten Zugspannung. Ihren
Namen erhalten sie aber gemäss ihrer Lage
gegenüber der Fliessrichtung des Gletschers.
Querspalten verlaufen quer zur Fliessrichtung.
Sie reissen über einem Gefälleknick am Glet-
scherbett auf, wenn der Gletscher steiler wird
und schneller fliesst. Längsspalten verlaufen
längs zur Fliessrichtung und bilden sich dort,
wo der Gletscher breiter wird oder über eine
Felsrippe fliesst, die ebenfalls längs zur
Fliessrichtung ausgerichtet ist.

Ein Felsbuckel im Gletscherbett führt dazu,
dass sich Quer- und Längsspalten überlagern
und die Gletscheroberfläche in zahlreiche
Eistürme zerschnitten wird. Diese oft spektakulär aussehenden und instabilen Eistürme
tragen den Namen Sérac, der von einem
französischen Käse stammt. Der fliessende
Gletscher bringt die Séracs langsam aber
stetig in Schräglage, sodass sie eine kurze
Existenzdauer haben und bald umstürzen.

▼ Entstehung von Séracs
auf dem Tschiervaglet-
scher (April 2009).

SERACS

Oft verläuft eine langgezogene, einsame Spalte in den vereisten Wänden wenig unterhalb der Gipfel oder Grate. Dies ist der Bergschrund, die höchstgelegene Spalte eines Gletschers. Sie markiert den Beginn des Gletschers oder seine obere Grenze. Darüber ist das Eis am Fels, der selber Temperaturen unter null Grad Celsius aufweist, angefroren und fliesst kaum, es zählt also nicht zum Gletscher. Die Spalte hat sich geöffnet, weil genau hier die Fliessbewegung des Eises stark zunimmt und das Eis über die kritische Bruchgrenze dehnt.

▼ Der Rosegggletscher hat für jeden Spaltentyp einige Beispiele bereit (Oktober 2010).

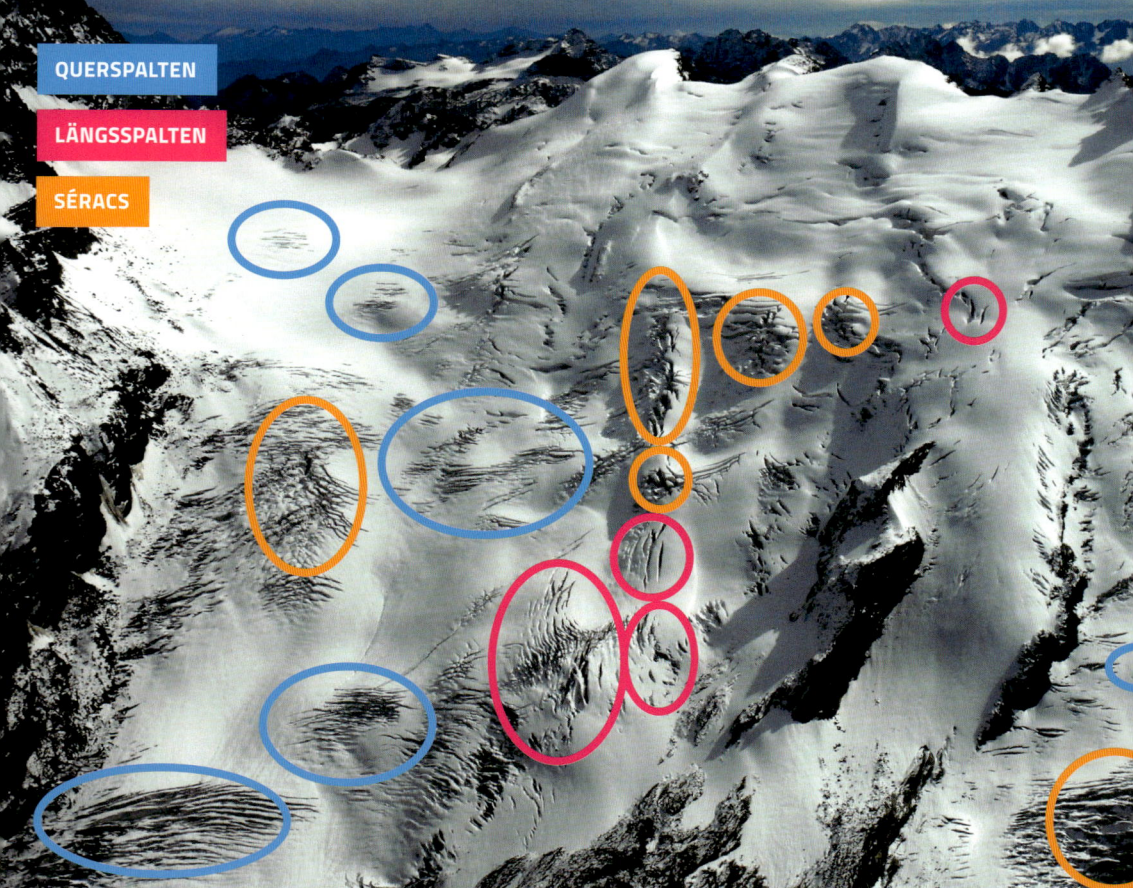

QUERSPALTEN

LÄNGSSPALTEN

SÉRACS

Der Reibungswiderstand an den seitlichen Talflanken bremst das Gletschereis gegen den Rand hin ab. Der Geschwindigkeitsunterschied zwischen Gletschermitte und Gletscherrand lässt die Randspalten aufreissen. Die stärkste Dehnung ist zur Mitte gletscherabwärts, die Randspalte reisst senkrecht dazu ungefähr 45° gletscheraufwärts zur Mitte auf.

▼ Das Überlagern von Quer- und Längsspalten führt zu Séracs wie hier auf dem Tschiervagletscher (oben: Oktober 2014, unten: Oktober 2007).

▼ Deutlich ist der Berg-
schrund unterhalb des Piz
Scerscen erkennbar (Juli
2015).

▼▼ Am Fusse des Piz Roseg
zeigt die feine Linie, wo der
Bergschrund liegt und wo
somit der Tschiervaglet-
scher beginnt (Mai 2010).

▾ Randspalten (Kreise) auf dem Morteratschgletscher sind die Folge der Reibung am seitlichen Fels (Juni 2017).

▾▾ Die Randspalten (Kreise) am Tschiervagletscher vereinigen sich gegen die Gletschermitte hin mit Querspalten (Oktober 2012).

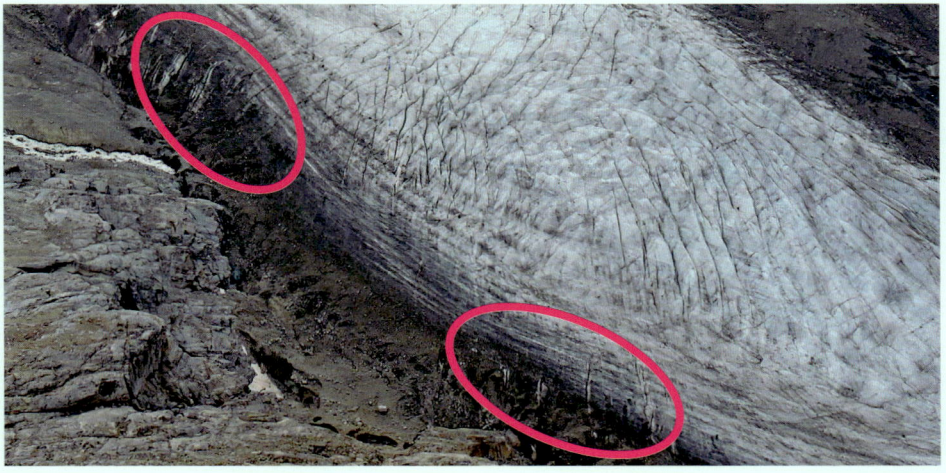

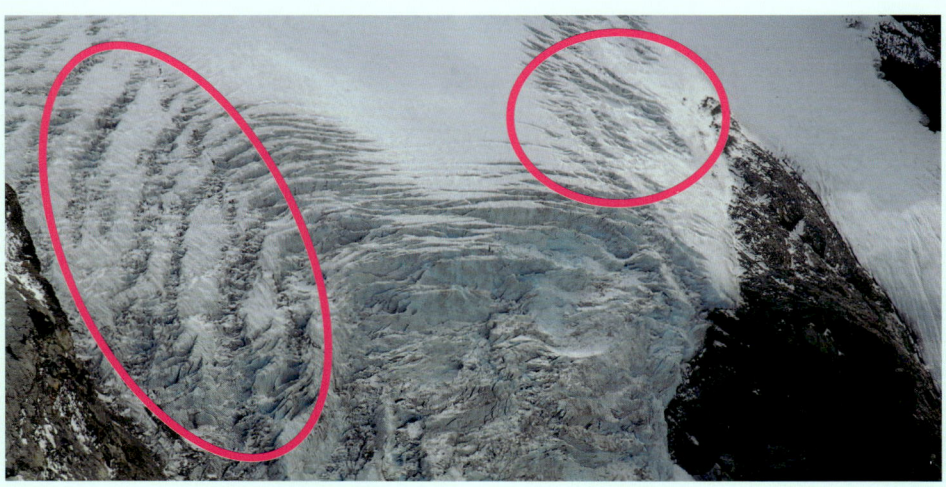

OGIVEN

Ogiven sind relativ selten, doch in der Berninaregion findet man sie gleich zwei Mal: auf dem Morteratschgletscher unterhalb des Labyrinths und auf der Gletscherzunge der Vedretta di Fellaria Orientale. Beiden Orten ist eines gemeinsam: Sie befinden sich unterhalb einer Steilstufe. Dort ist der Gletscher von Spalten zerrissen, und somit ist mehr Eisoberfläche in direkter Berührung mit der Atmosphäre. Im Sommer lagert sich hier viel Staub ab, wohingegen sich die Spalten

▼ Unterhalb der Felswand und des Spaltengebietes haben sich auf der Gletscherzunge der Vedretta di Fellaria Orientale Ogiven ausgebildet (links: August 2011, rechts: August 2010).

im Winter mit Schnee füllen. Am Fusse des Eisbruchs, wo es wieder flacher wird, werden die Spalten zugedrückt; beim Morteratschgletscher bilden sich rhythmische Abfolgen von Wällen und Mulden quer zur Fliessrichtung.

Je nachdem, ob das Eis im Sommer den Eisbruch durchfloss, mit den vielen offenen Spalten stark abschmolz und eine Staubschicht mitnimmt oder ob die zahlreichen Spalten im Winter offen waren und mit Schnee gefüllt wurden, entsteht nun, schön abwechslungsweise, ein heller Wall oder eine dunklere Mulde. Diese Bänderung quer zur Fliessrichtung wandert mit dem Gletscherstrom abwärts und verbiegt sich bogenförmig, da in der Gletschermitte die Fliessgeschwindigkeit am höchsten ist.

▾ Als regelmässiges Streifenmuster zieren die Ogiven den Morteratsch-gletscher unterhalb des Labyrinths (August 2016).

OGIVEN

STEILSTUFE MIT SPALTEN

EROSION IM UNTERGRUND

Ein Gletscher mit seiner gesamten Eismasse fliesst natürlich nicht spurlos über sein Gletscherbett. Besonders bei tiefstehender Sonne sind die Schliffspuren des Gletschers, der sogenannte Gletscherschliff, auf Felsplatten im Gletschervorfeld schön zu beobachten.

Mit etwas Glück entdeckt man alle typischen Spuren der Gletschererosion auf einem einzigen, zu einer typischen Form geschliffenen Felsbuckel, dem sogenannten Rundhöcker.

Ein besonders schönes Exemplar finden wir entlang des Gletscherlehrpfades in der Val Morteratsch.

Die Form des Rundhöckers verrät uns, aus welcher Richtung das Eis einst floss. Auf der Luvseite, wo das Eis herkam, ist der Fels viel flacher und abgeschliffener als auf der steilen, scharfkantigen Leeseite. Im Luv war der Rundhöcker ständig der abschleifenden Wirkung und des starken Drucks des heranfliessenden Gletschers ausgesetzt. Im Lee liess der Druck nach, sodass Eis stellenweise vom Fels abhob.

▼ Im Gletschervorfeld Morteratsch findet man eine grosse Auswahl an glattgeschliffenen Felsbuckeln, den sogenannten Rundhöckern (in den roten Kreisen). Ein besonders schönes Beispiel liegt direkt am Weg (Pfeil; Juli 2014).

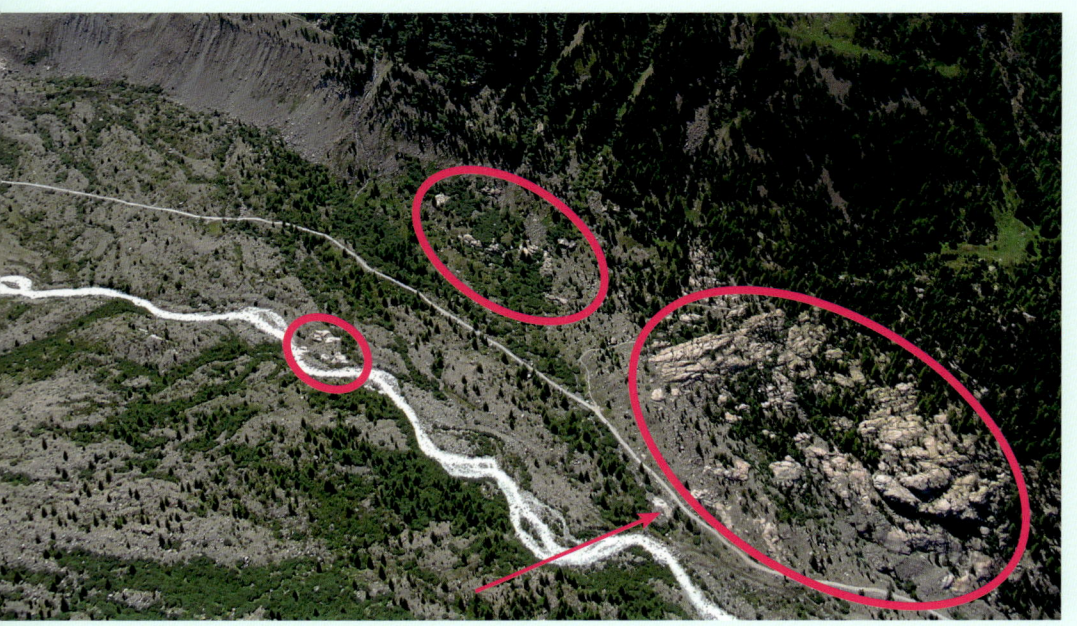

Es konnte so Felsstücke wegbrechen, was diese scharfkantigen Formen hinterliess. So entstand die typische Form eines Rundhöckers: vorne flachgeschliffen, die Oberfläche gezeichnet vom vorbeifliessenden Gletscher und die Rückseite steil und scharfkantig.

Natürlich ist das Gletschereis selber viel weicher als Stein und vermag keine Felsoberfläche zu schleifen. Doch im Eis sind viele Steine jeglicher Grösse, von kleinen Sandkörnern bis hin zu grossen Felsbrocken, eingebettet. Der Gletscher transportiert sie mit und schleift sie über den Rundhöcker. Deutlich sind die langgezogenen, geradlinigen Furchen, die sogenannten Gletscherschrammen, zu erkennen, welche die Steine hinterlassen haben, während sie der Gletscher über die Felsoberfläche zog. Die ständig schleifende Wirkung von Sand und Gesteinsmehl im Eis ist für die abgerundeten, weichen Formen verantwortlich, den Gletscherschliff.

▼ Das Eis floss von rechts nach links (Pfeil), was die glattgeschliffene, flache Luvseite rechts und die steile und kantig abfallende Leeseite links verraten (Oktober 2014).

LEE

LUV

Es lohnt sich, die Oberfläche des Rundhöckers noch genauer zu betrachten. Es gibt auch Erosionsformen, die quer zur Fliessrichtung des Gletschers liegen. Parabelrisse erscheinen meistens in Gruppen und sind leicht gegen die Fliessrichtung gekrümmt.
Ebenfalls gekrümmt wie eine Banane präsentieren sich die Sichelbrüche. Im Gegensatz zu den Parabelrissen fehlt bei den Sichelbrüchen ein Stück Fels, welches der Gletscher herausgebrochen und mittransportiert hat. Die genaue Entstehung dieser Kleinformen bleiben ein Geheimnis des Gletschers; wir können diese Prozesse weder beobachten noch im Labor simulieren.

▼ Die tiefstehende Sonne macht die Gletscherschrammen sichtbar (Oktober 2007).

▾ Die Detailaufnahme des Rundhöckers zeigt die grosse Formenvielfalt auf dem Fels. Die Rechtecke markieren Sichelbrüche, in den Ovalen sind Parabelrisse zu finden. Der Pfeil markiert die Fliessrichtung des Eises (Oktober 2014).

▾▾ Ein mit Lärchennadeln dekorierter Sichelbruch (Oktober 2014).

GEWINN UND VERLUST

Gewinn und Verlust entscheiden bei einem Gletscher genauso über sein Schicksal wie bei einer Firma. Nur besteht sein Umsatz nicht aus Geld, sondern aus Eis. Vergleicht man während eines Jahres Gewinn und Verlust, bekommt man die Massenbilanz des Gletschers. Diese gibt man als über den ganzen Gletscher gemittelte Änderung der Eisdicke in Meter Wasseräquivalent an. Man rechnet also den Gewinn in Form von Schnee (Akkumulation) und den Verlust in Form von Eis (Ablation) in die entsprechende Wassermenge um, damit man die beiden Werte für verschiedene Gletscher miteinander vergleichen kann.

▼ Rechts ein Glas voll Schnee und links sein Wasseräquivalent, also dieselbe Menge an Schnee in geschmolzener Form.

MASSENBILANZ

Das «Geschäftsjahr» eines Gletschers beginnt am 1. Oktober, wenn üblicherweise der gefallene Schnee nicht mehr wegschmilzt und die Zeit der winterlichen Schneedecke beginnt, und endet am 30. September im darauffolgenden Jahr, wenn üblicherweise die sommerliche Schmelzphase zu Ende geht und die Schneegrenze ihre höchste Position erreicht hat. Man nennt dies auch das hydrologische Jahr. Es umfasst also eine vollständige winterliche Akkumulations- und eine vollständige sommerliche Ablationsphase.

Hätte ein Gletscher eine ausgeglichene Massenbilanz, müsste etwa die Hälfte bis zwei Drittel der Gletscherfläche Ende Sommer noch mit Schnee bedeckt sein. Anhand der Grösse der schneebedeckten Fläche Ende Sommer kann man also selber abschätzen, wie die Massenbilanz für das laufende Jahr ausfallen wird, sofern man einen Ausblick über die gesamte Gletscherfläche geniesst. Die Gletscher in der Berninaregion genauso wie im gesamten Alpenraum haben seit vielen Jahren oder gar Jahrzehnten überwiegend negative Massenbilanzen. In Jahren mit einer negativen Massenbilanz nimmt die Gletschermasse ab.

▼ Der Roseggletscher im Verlauf eines hydrologischen Jahres; oben im Hochwinter während der Akkumulationsphase, unten im Hochsommer während der Ablationsphase.

MASSENBILANZ UND WETTER

Genau wie das Wetter von Jahr zu Jahr grossen Schwankungen unterliegt, fällt auch die Massenbilanz eines Gletschers jeweils sehr unterschiedlich aus. Die jährliche Massenbilanz widerspiegelt also nicht das Klima, sondern den Wetterverlauf während eines hydrologischen Jahres. Da aber auch topographische Faktoren mitspielen, fällt die Massenbilanz nicht auf allen Gletschern einer Region gleich aus. Doch welche Faktoren steuern nun die Grösse der Akkumulation, und wovon wird die Ablation beeinflusst?

▾ Der Corvatschgletscher Ende August 2014 (links) und Ende August 2015 (rechts): Die Massenbilanz kann von Jahr zu Jahr grossen Schwankungen unterliegen, wie die unterschiedliche Schneebedeckung im Spätsommer verrät.

AKKUMULATIONSFAKTOREN

Natürlich ist es in erster Linie der Niederschlag, welcher Schnee auf den Gletscher bringt. Die Niederschlagsmenge in Form von Schnee ist also ein entscheidender Akkumulationsfaktor. Der Wind kann durch Verwehungen eine bedeutende Menge Schnee anhäufen, welche erst sehr spät im Sommer oder gar nicht abschmilzt und somit die Massenbilanz positiv beeinflusst. Auch Schnee- oder Eislawinen, die sich auf dem Gletscher ablagern, tragen zur Akkumulation bei. Davon profitieren Gletscher unterhalb bekannter Lawinenanrissgebiete. Dank regelmässiger Eislawinen konnte sich auf der abgetrennten Zunge der Vedretta di Fellaria Orientale ein neues Akkumulationsgebiet bilden (siehe auch Kapitel 3b «Aktuelles von der Gletscherfront»).

▸ Die Eislawinen bei der Vedretta di Fellaria Orientale sind so häufig, dass sich aus ihren Trümmern ein neues Akkumulationsgebiet bilden konnte (Oktober 2012).

▸ Eislawinen aus dem Hängegletscher nähren den Persgletscher am Fusse des Piz Palü (Mitte: Juli 2008, unten: August 2015).

ABLATIONSFAKTOREN

Die Schmelze ist für den grössten Anteil des Eisverlustes eines Gletschers verantwortlich. Auch mit Eisabbrüchen und Eislawinen verliert ein Gletscher an Masse, dies besonders bei steilen Gletscherzungen oder Hängegletschern, wenn die Eistrümmer ausserhalb der Gletscherfläche zu liegen kommen. Eisabbrüche sind bei hochgelegenen Hängegletschern wie beispielsweise am Piz Palü oder Piz Roseg bedeutendere Ablationsfaktoren als die Schmelze. Mit Schneelawi-

▼ Lawinen entfernten bereits Anfang Sommer einen grossen Teil der Schneedecke auf dem Arlasgletscher östlich des Piz Trovat (Juni 2017).

nen oder der Winddrift kann nicht nur Schnee auf einen Gletscher transportiert und abgelagert werden, sondern der Schnee wird auch weggeführt, der dann für die Eisneubildung fehlt. Wenn es im Sommer bis in hohe Lagen regnet statt schneit, bringt das relativ warme Regenwasser zusätzlich Energie (Wärme) auf den Gletscher und verstärkt damit die Schmelze.

▼ Akkumulationsfaktoren wie Schneedrift, Lawinen oder Schneefall stehen Ablationsfaktoren wie Schneedrift, Eisabbrüche oder Schmelze gegenüber. Halten sie sich die Waage, ist die Massenbilanz ausgeglichen.

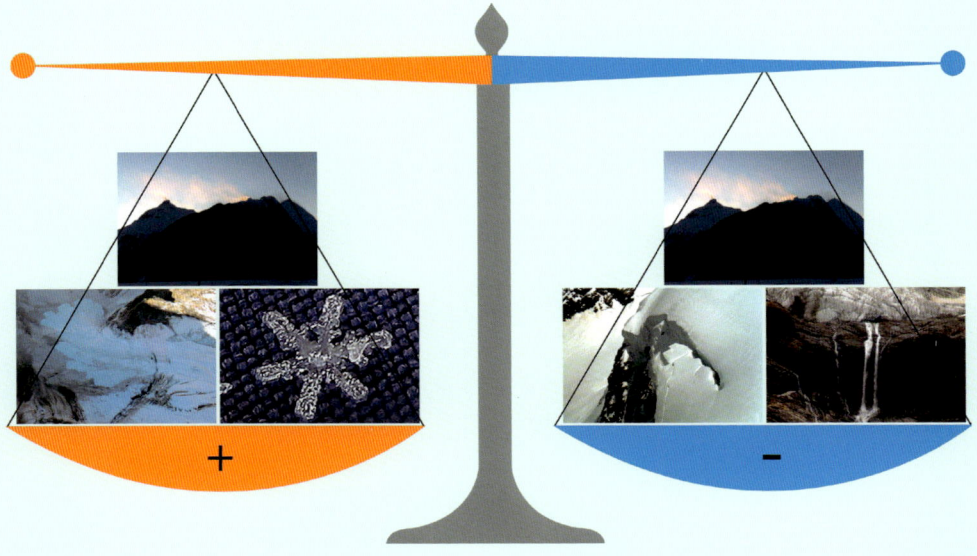

ENERGIEBILANZ UND ALBEDO

Wie schnell das Eis schmilzt, hängt aber nicht einfach nur von
der Lufttemperatur ab. Entsprechend schmilzt auch nicht immer
gleichviel Eis bei gleichen Temperaturen. Es sind also noch weitere
Faktoren im Spiel: Einen bedeutenden Einfluss hat die Sonnenstrahlung. So wirft eine schneebedeckte Oberfläche den grössten Teil der
einfallenden, kurzwelligen Sonnenstrahlung ungenutzt wieder zurück
in die Atmosphäre, wohingegen ein schutt- und staubbedeckter Gletscher den grössten Teil dieser Energie aufnimmt (siehe auch Albedo
im nächsten Abschnitt). Bei bedecktem Himmel kann ein Teil der
langwelligen Strahlung, die wir als Wärme fühlen, nicht entweichen,
sondern wird vom Wasserdampf in den Wolken wieder zurückgeworfen. Verdunstet Wasser, schmilzt Eis oder wandelt sich Eis
direkt in Wasserdampf um (Sublimation), was besonders bei geringer
Luftfeuchtigkeit geschieht, braucht dieser Prozess viel Energie. Diese
wird der unmittelbaren Umgebung in Form von Wärme entzogen,
und die Gletscheroberfläche bleibt relativ kühl. Umgekehrt setzt die
Kondensation von Dampf zu Wasser, das Gefrieren von Wasser oder
die Sublimation von Dampf direkt zu Eis (der Begriff Sublimation
wird in beide Richtungen verwendet) Wärme in die unmittelbare
Umgebung frei. Weitere Wärmequellen sind Regen und Schmelzwasser, die mit Temperaturen über dem Gefrierpunkt auf oder in den
Gletscher gelangen. Da kalte Luft schwerer ist als warme, fliesst sie
der Gletscheroberfläche entlang abwärts. Dieser als Gletscherwind
bekannte Luftstrom macht so über dem Gletscher Platz für nachströmende wärmere Luftmassen.

Das Zusammenspiel all dieser und weiterer Faktoren ergibt die Energiebilanz eines Gletschers. Von ihr hängt ab, wieviel Energie für die
Schmelze zur Verfügung steht. Dabei spielt die kurzwellige Strahlung
die Hauptrolle. Sie ist für rund zwei Drittel der Energie verantwortlich, während die langwellige, als Wärme fühlbare Strahlung ungefähr ein Drittel dazu beiträgt.

▸ Die Strahlungsbilanz
sowie Prozesse wie Verdunstung, Kondensation,
Gefrieren, Schmelzen und
Sublimation beeinflussen
die Energie, welche
schlussendlich für die
Schmelze zur Verfügung
steht (nach Oerlemans).

KURZWELLIGE
STRAHLUNGSBILANZ

LANGWELLIGE
STRAHLUNGSBILANZ

NIEDERSCHLAG

SCHMELZWASSER

VERDUNSTUNG
SCHMELZE
SUBLIMATION

KONDENSATION
GEFRIEREN
SUBLIMATION

MOLEKULARE WÄRMELEITUNG
WÄRMELEITUNG DURCH LUFTBEWEGUNG
UND WASSERDAMPF

Wichtig für den Anteil der reflektierten Strahlung ist die Albedo. Sie beschreibt, wieviel der einfallenden Sonnenstrahlung eine nicht selbst leuchtende Oberfläche reflektiert und damit in die Atmosphäre zurückwirft. Beträgt die Albedo beispielsweise 0.8, so wird 80 % der einfallenden Strahlung reflektiert. Bei einer Albedo von 0.3 entspricht dieser Anteil nur 30 %; die Oberfläche nimmt entsprechend mehr Energie auf als bei einer hohen Albedo. Eine weisse Oberfläche, wie sie typisch ist für frisch gefallenen Schnee, hat eine sehr hohe Albedo, reflektiert viel Sonnenenergie und bleibt relativ kühl. Eine ausgeaperte Gletscheroberfläche hingegen, bestehend aus grauem Eis und Staub, hat eine tiefe Albedo, erwärmt sich entsprechend und ist somit der Schmelze stärker ausgesetzt.

Wir kennen diesen Albedo-Effekt bestens aus dem Alltag, wo sich die Oberfläche eines schwarzen Autos stark in der Sonne erhitzt, wohingegen ein weisses Auto kühler bleibt, obwohl beide aus demselben Material bestehen.

▼ Wo noch Schnee liegt, ist die Albedo hoch; auf dem dunkleren, ausgeaperten Gletschereis hingegen ist sie tief.

HOHE ALBEDO

TIEFE ALBEDO

Dieses Phänomen erklärt, warum die Schneebedeckung das dar-unterliegende Gletschereis so gut schützt. Neben der hohen Albedo wirkt der Schnee auch als effizienter Isolator. Wenn es warm wird, schmilzt zuerst der Schnee und erst dann das Gletschereis. Darum hat der Anteil an schneebedeckter Fläche auf einem Gletscher eine so grosse Bedeutung für die Massenbilanz. Daraus folgend ist auch die Länge der Ablationszeit, also die Zeitspanne, in der auf einem Teil des Gletschers kein Schnee mehr liegt, entscheidend.

▼ Flächen mit unter-schiedlicher Albedo auf der Vedretta di Scerscen Inferiore. Für die rötliche Färbung des Schnees ist Saharastaub verantwort-lich (August 2015).

Die automatische Wetterstation auf dem Morteratschgletscher misst seit dem Hitzesommer 2003 eine Abnahme der Albedo in den Sommermonaten. Die Oberfläche reflektiert also weniger Sonnenstrahlung zurück in die Atmosphäre und absorbiert im Gegenzug mehr Energie. Dies bedeutet, dass der Gletscher, selbst bei gleichbleibenden Lufttemperaturen, stärker schmilzt. Doch was ist der Grund für die tiefere Albedo? Auf dem Gletscher liegen immer mehr Staub, Sand, Kies und Steine. Im Ablationsgebiet tauchen die Fliesslinien aus dem Gletscher auf (siehe Kapitel 2b «Immer im Fluss»). So kommt hier sämtliches Material, das irgendwo weiter oben irgendwann auf den Gletscher gefallen ist, wieder zum Vorschein und sammelt sich auf dessen Oberfläche. Jedes Jahr kommt mehr dazu. Da seit 2003 sehr stark negative Massenbilanzen auftreten, schmilzt auch überdurchschnittlich viel Staub und Gesteinsmaterial aus, was den Teufelskreis weiter beschleunigt: Die Gletscheroberfläche wird immer dunkler und die Albedo immer kleiner. Dazu transportiert der Wind auch noch Staub aus den wachsenden Gletschervorfeldern heran.

◄ Die automatische Wetterstation auf dem Morteratschgletscher misst die Lufttemperatur, Druck, Windstärke und -richtung, einfallende und reflektierte kurzwellige Strahlung, einfallende und austretende langwellige Strahlung und die Feuchtigkeit. Sie wird betrieben von der Universitet Utrecht (NL) und liefert wichtige Grundlagen für Modellrechnungen über die Energiebilanz und das zukünftige Schmelzen des Gletschers
(Foto: Oerlemans).

MESSUNG DER MASSENBILANZ

Doch wie sehen nun die konkreten Zahlen einer Massenbilanz aus? Die dazu notwendigen, sehr aufwendigen Messungen werden nur auf wenigen Gletschern in der Schweiz jährlich ausgeführt. Die Messreihe für den Silvrettagletscher weist im Jahr 2003 einen negativen Rekordwert auf. Seither zeigt die Grafik eine Folge von stark negativen Massenbilanzen.

▼ Aufsummierte Massenbilanzen in Meter Wasseräquivalent für den Basòdino-, Gries- und Silvrettagletscher. Auffallend ist die Abfolge von stark negativen Massenbilanzen seit 2003 (www.glamos.ch).

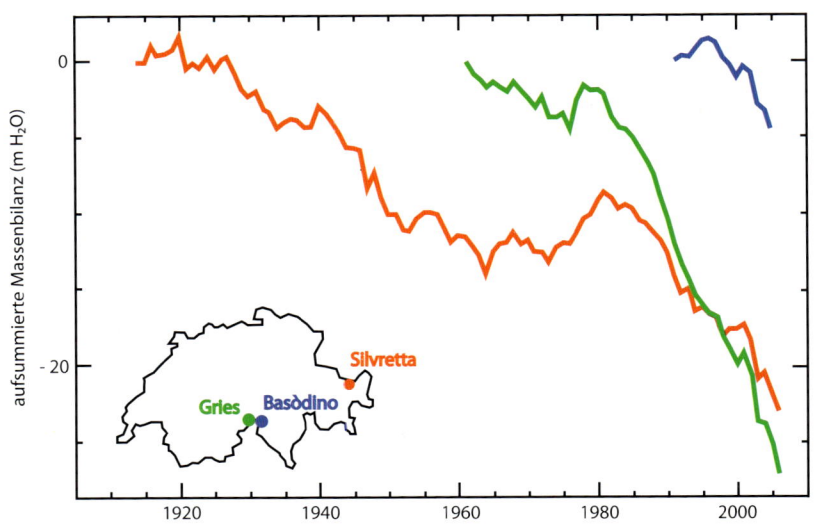

MESSUNG DER LÄNGENÄNDERUNG

Mehrere aufeinanderfolgende Jahre mit negativer Massenbilanz
bewirken eine Längenänderung des Gletschers. Die Gletscherzunge
zieht sich zurück und der Gletscher wird kürzer. Die Längenänderung
ist aber ein sehr langsamer und verzögerter Prozess. Besonders flache und grosse Gletscher reagieren dabei träge. Der Morteratschgletscher beispielsweise braucht ungefähr 50 Jahre, um sich veränderten
Klimabedingungen vollständig anzupassen.

Das Klima ist definiert als der Durchschnitt des Wettergeschehens
über die letzten 30 Jahre, sodass Wetterkapriolen einzelner Jahre
kaum ins Gewicht fallen. Aufgrund der Verzögerungen in Bezug auf
die Längenänderung widerspiegeln die Gletscher mittelfristige Kli-
matrends. Ob ein Gletscher vorstösst oder kürzer wird, hängt davon
ab, wie der Durchschnitt der Massenbilanzen der vergangenen Jahre
ausgesehen hat. Viele Jahre in Folge mit einer negativen Massenbi-

▼ Die Messreihe des Mor-
teratschgletschers zeigt
die jährlichen Längenän-
derungen (orange Balken:
Rückzug, blaue Balken:
Vorstoss) von 1880 bis 2016
sowie die aufsummierte
Längenänderung (schwarze
Linie). Der ununterbroche-
ne Rückzug widerspiegelt
die Klimaveränderung
während dieser Zeit
(nach www.glamos.ch).

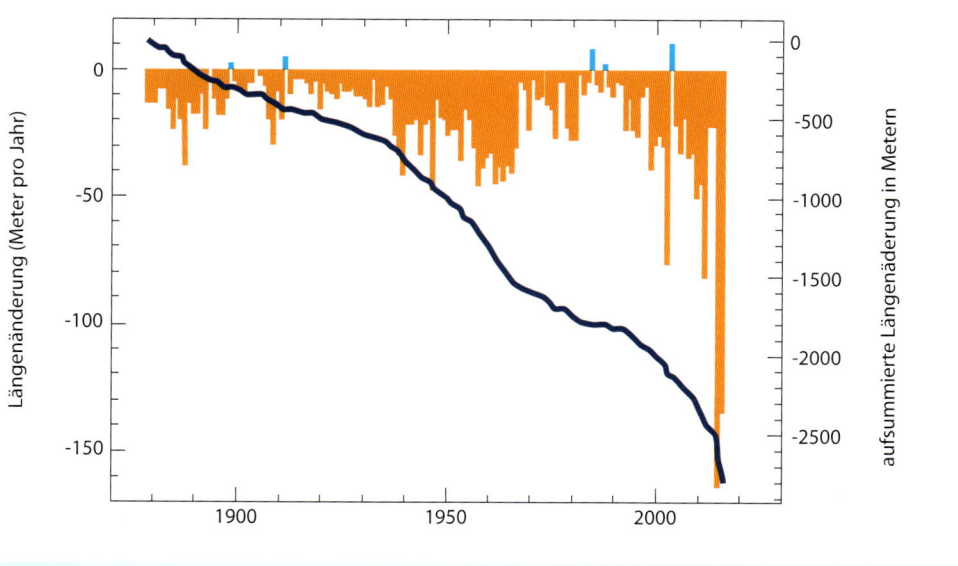

lanz führen zu dem uns bekannten Bild: Die Gletscherzungen ziehen sich immer weiter zurück; die Gletscher werden kürzer, dünner und fliessen langsamer. Ein einzelnes Jahr mit einer positiven Massenbilanz vermag diesen längerfristigen Trend nicht zu stoppen. Auch Wetterkapriolen wie ein Hitzesommer oder ein schneereicher Winter haben nur beschränkt Einfluss auf die langfristige Position der Gletscherzunge.

Somit ist die Längenänderung bei grossen Gletschern ein Indikator der Klimaveränderung. Die Alpengletscher haben also die Rolle eines natürlichen Klima-Indikators und sie zeigen mit ihren Längenverlusten einen eindeutigen und gut sichtbaren Klimatrend an.

In der Schweiz existieren für über hundert Gletscher langjährige Messreihen, die auf www.glamos.ch frei zugänglich sind und den Gletscherrückzug eindrücklich sichtbar machen. Die Messungen erfolgen im Gelände. Ausgehend von Fixpunkten wird die Position der Gletscherzunge mittels Messband, Distanzmessgerät, GPS oder Luft- und Satellitenbildern bestimmt.

Mehr über den Gletscherrückzug steht im Kapitel 3a «Gletscher und Klimawandel».

DIE EISZEIT UND IHRE SPUREN

DIE EISZEITRIESEN

Als die letzte Eiszeit vor rund 20'000 Jahren ihren Höhepunkt erreicht hatte, füllten mächtige Eismassen die Alpentäler auf und flossen als träge, lange Gletscher weit ins Vorland hinaus. Im Berninagebiet hatte sich ein flacher Eisdom aufgebaut, dessen höchste Stelle
im Bereich von Samedan lag. Von hier aus floss das Eis, entgegen der
heutigen Wasserscheiden, in alle Himmelsrichtungen ab, also nach
Südosten über den Berninapass, nach Südwesten über den Maloja-

▼ Die Berninaregion wäh-
rend der letzten Eiszeit
(Quelle: Bundesamt für
Landestopographie).

130

pass, nach Westen über Julier- und Albulapass und nach Nordosten das Inntal hinunter.

Über den Talsohlen im Berninagebiet war der Eispanzer rund 1'000 Meter mächtig. So lag die Eisoberfläche bei St. Moritz auf 3'100 Metern, bei Cavaglia auf 2600 Metern und bei Chiesa in der Val Malenco auf 2'200 Metern über Meer. Nur die höheren Berggipfel ragten wie einsame Inseln aus dem Eismeer. Man nennt sie Nunataker; das Wort stammt aus der Sprache der Inuit und bedeutet «Aus Land gemacht». Die damaligen Nunataker haben ihre zackigen und schroffen Felsformen behalten, wohingegen der Gletscher die tieferliegenden Geländeformen geschliffen und abgerundet hat. Die Schliffgrenze, welche heute die vermutete Höhe der damaligen Vergletscherung markiert, ist an der Crasta Mora oberhalb von Bever besonders deutlich erkennbar. In der romanischen Sprachregion taucht auf der Landkarte oft der Name «Munt» oder «Muottas» auf. Er bezeichnet einen Berg mit vorwiegend runden Formen, der also einst unter dem Eis begraben war. Dagegen ragte eine «Crasta» oder ein «Piz» in der Regel aus dem Eis heraus und behielt eher kantige Formen.

▼ Die Crasta Mora bei Bever zeigt die Schliffgrenze besonders deutlich auf einer Höhe von rund 2800 Metern über Meer.

MORÄNEN, HÄNGETÄLER, U-TÄLER

Zwischen 20'000 und 10'000 Jahren vor heute, als sich die Eiszeit
dem Ende zuneigte, begannen die gewaltigen Eismassen zu schmelzen. Die Gletscherzungen zogen sich immer weiter in die Alpentäler
zurück. Die Temperaturen stiegen aber nicht gleichmässig an, sondern es schoben sich auch immer wieder kühlere Phasen dazwischen.
Dann stiessen die Gletscher wieder etwas vor und schütteten dabei
End- und Seitenmoränenwälle auf. Überreste dieser tausenden von

▼ Die Moränenstände (Flä-
chen) und der vermutete
Gletscherrand (gestrichelte
Linie) vor rund 14'000 Jahren im Inntal bei Cinuos-
chel (nach Maisch).

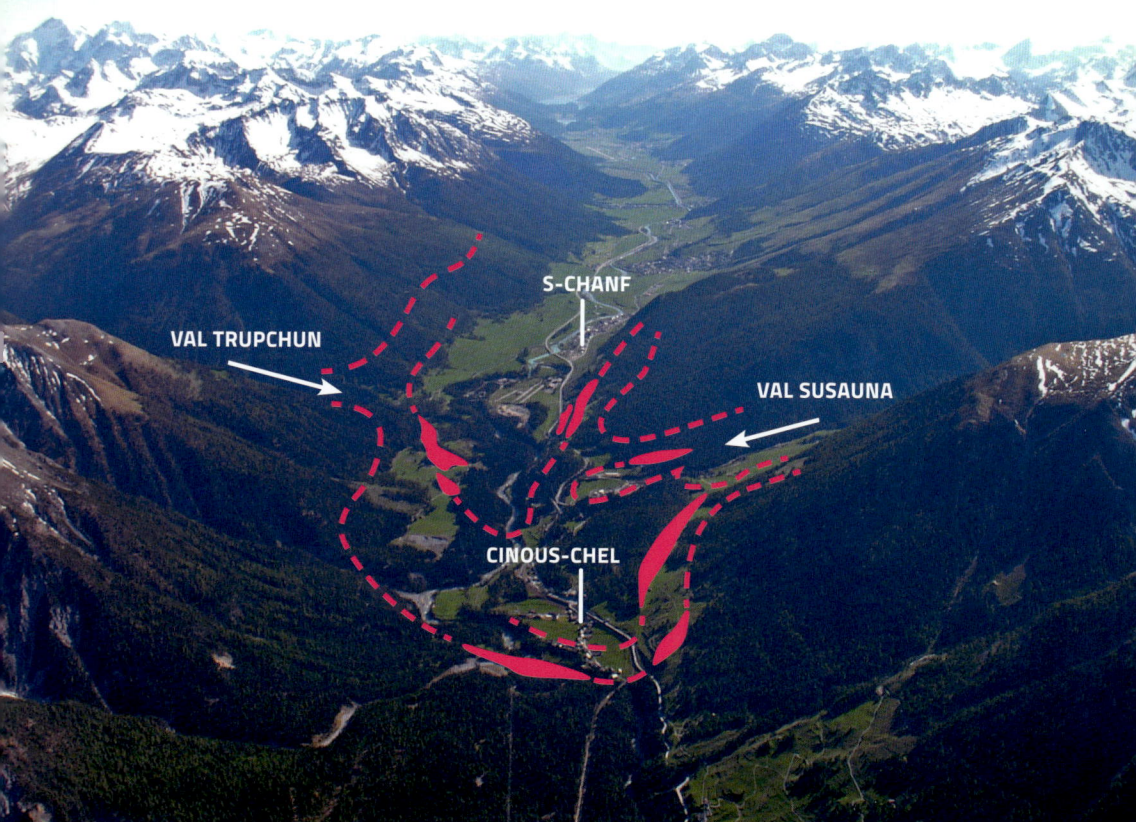

VAL TRUPCHUN

S-CHANF

VAL SUSAUNA

CINOUS-CHEL

Jahren alten Moränen sind bis heute erhalten geblieben und verraten uns, wann sich die Gletscherzungen wo befanden. So reichte der Inngletscher vor ungefähr 14'500 Jahren bis Zernez, 500 Jahren später bis Cinuos-chel, vor etwa 13'000 Jahren bis Samedan und vor knapp 11'000 Jahren bis Pontresina.

Vor rund 10'000 Jahren ging die Eiszeit zu Ende. Seither schwankten die Positionen der Gletscherzungen nur innerhalb einer vergleichsweise kleinen Bandbreite. Der Morteratschgletscher erstreckte sich

▼ Die vermutete Gletscherausdehnung vor ungefähr 13'000 Jahren bei Samedan. Als Flächen dargestellt sind die heute noch sichtbaren Moränenwälle, die gestrichelten Linien markierten den vermuteten Gletscherrand. Die exakte Position der Gletscherzunge im Talboden ist nicht bekannt (nach Maisch).

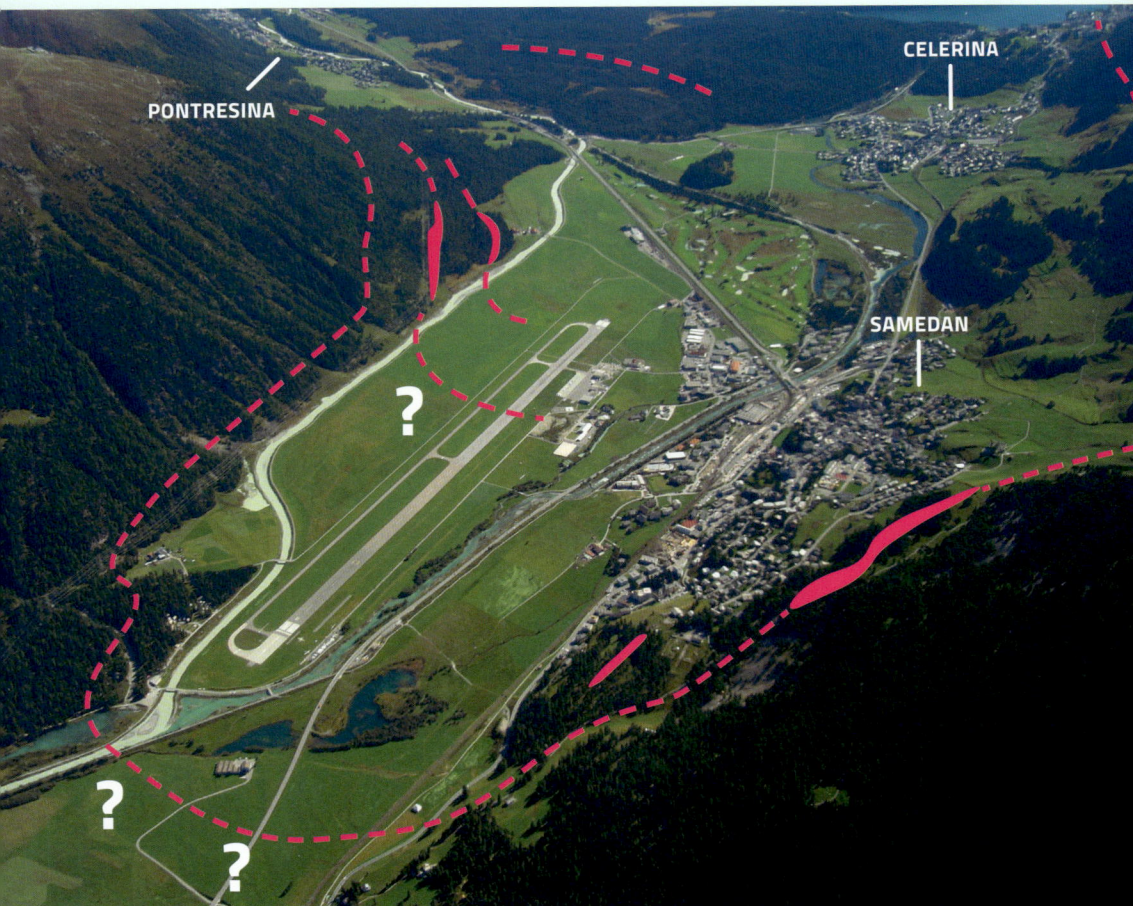

seither nie wesentlich über den heutigen Bahnhof Morteratsch hinaus, war aber höchstwahrscheinlich vor 7'000 und vor 5'500 Jahren so kurz wie heute (2017) oder sogar noch etwas kürzer. Funde von Baumstämmen im Bereich der Gletscherzungen bestätigen diese Vermutung.

Während die Hochstandsphasen mit ihren Moränenwällen deutliche Spuren hinterliessen, finden wir in der Landschaft kaum Anhaltspunkte über minimale Gletscherausdehnungen. Dank der Analyse von Jahrringen oder von Pflanzenpollen in Mooren wissen wir trotzdem, dass und wann es kältere und wärmere Phasen gab und wie sich die Temperaturverhältnisse seit der letzten Eiszeit verändert haben.

Die Eiszeitgletscher formten die Landschaft und gestalteten sie so, wie wir sie heute kennen. Mit ihrer gewaltigen Erosionskraft haben sie unsere breiten Täler mit den oft runden, parabel- oder u-förmigen Querschnitten gebildet. Dabei ist die Gletschererosion für die steilen Talflanken und den tiefen Talboden verantwortlich; für den runden, u-förmigen Übergang sorgten Steinschlag und Murgänge, die am Rand des Talbodens Schuttkegel anhäuften.

Das Eis selber und auch die gewaltigen Schmelzwasserflüsse transportierten riesige Massen an Felsbrocken, Geröll, Schutt, Kies, Sand und Gesteinsmehl aus den Alpentälern hinaus. Je grösser ein Tal, desto mächtiger war dort der Eispanzer - und je mächtiger ein Gletscher, desto grösser waren seine Erosionskraft und Transportkapazität. Deshalb wurden die Haupttäler am tiefsten erodiert. Die kleineren Gletscher in den Seitentälern schafften es nicht, die Talsohle auf das gleiche Niveau zu senken. So münden viele Seitentäler «zu hoch» ins Haupttal. Das hat ihnen den Namen Hängetal eingebracht, weil sie über der Talsohle «hängen». Einige typische Beispiele dazu sind die Val Fedoz, Fex, Muragl oder Languard im Oberengadin, die Val da Camp in der Valposchiavo sowie die Val Malenco und die Valposchiavo selber ins Veltlin.

GLETSCHERTÖPFE

Diese tiefen, rundgeschliffenen Hohlformen im Fels sind nicht nur ein Kunstwerk der Natur, sondern auch ein Relikt der letzten Eiszeit. Noch heute ist ihre detaillierte Entstehung von zahlreichen Geheimnissen umgeben. Gletschertöpfe sind im Alpenraum selten, was sie zu einer Exklusivität macht. In der Berninaregion kommen sie aber gleich zweimal vor: in Cavaglia und in Maloja. Betrachtet man die topographische Lage dieser beiden Standorte genauer, fällt eine Gemeinsamkeit auf: Sie liegen auf einem Felsriegel am Ende einer Ebene, unmittelbar vor einer markanten Geländestufe.

So befindet sich auch der Gletschergarten von Cavaglia am Ende einer grosszügigen Ebene. Doch dann fällt das Gelände bis San Carlo steil um rund 700 Meter ab. Ebenso liegen die Gletschertöpfe in Maloja am Ende des flachen Engadiner Hochtals, kurz bevor die Val Bregaglia 400 Meter bis Casaccia abfällt. Eine markante Geländestufe spielte also bei der Bildung der Töpfe eine entscheidende Rolle.

▼ Die weite Ebene von Cavaglia endet beim Felsriegel Motti di Cavagliola, wo sich der Gletschergarten befindet (rot markiert). Vor ungefähr 10'000 Jahren wurde die Ebene eisfrei, das Schmelzwasser bildete damals einen See. Dieser hat sich im Laufe der Jahrtausende mit Geröll aufgefüllt, das die Zuflüsse mitbrachten (Oktober 2012).

Einst floss der mächtige Eisstrom des Eiszeitgletschers vom Eisdom über Samedan ausgehend sowohl über den Malojapass in Richtung Val Bregaglia als auch über den Berninapass in Richtung Valposchiavo. Sowohl bei Maloja als auch bei Cavaglia riss der Gletscher durch den Geländeknick zu mächtigen Spalten auf. Als es wärmer wurde, flossen gewaltige Schmelzwasserströme auf der Eisoberfläche ab. Über dem Gletschergarten Cavaglia stürzten sie als tosende Wasserfälle in eine der vielen Spalten und erreichten das Gletscherbett, also den Felsriegel. Dort, einige Hundert Meter tiefer und eingeengt zwischen Felsuntergrund und dem Gletschereis, stand das Wasser unter enorm grossem Druck und floss mit einer sehr hohen Geschwindigkeit. Bereits kleine Unebenheiten im Fels bewirkten mächtige Verwirbelungen. Das im Wasser mittransportierte Gesteinsmehl sowie Sand, Kies und Geröll setzten eine grosse Schleifwirkung in diesen Verwirbelungen frei. In kurzer Zeit sandstrahlten sie eine Vertiefung in den Fels. Dies war der Anfang des Gletschertopfs. Nun strudelte

▼ Der Gletschergarten von Cavaglia (roter Kreis) liegt unmittelbar vor der Geländestufe und bietet eine einmalige Aussicht auf die Valposchiavo (Oktober 2017).

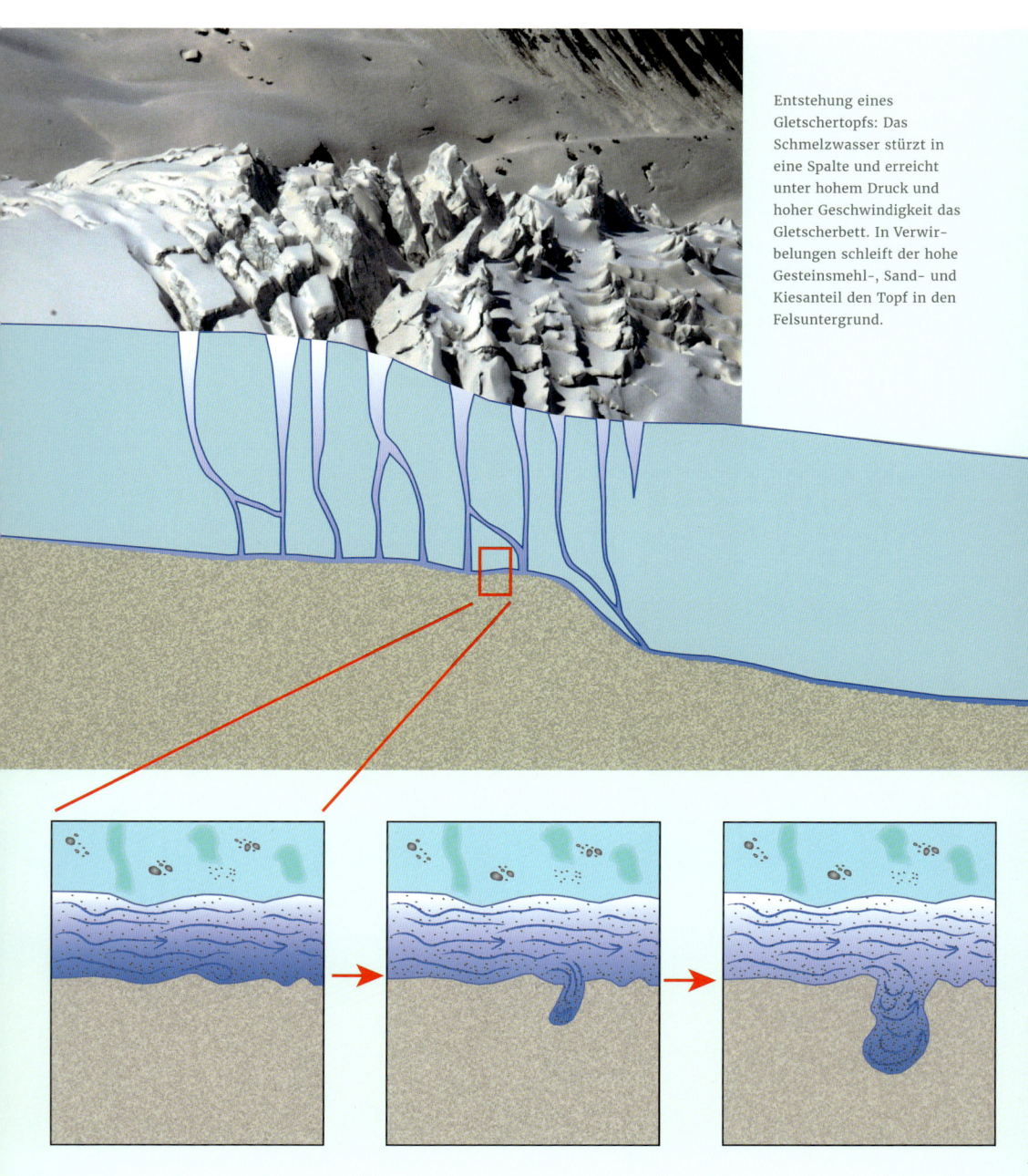

Entstehung eines Gletschertopfs: Das Schmelzwasser stürzt in eine Spalte und erreicht unter hohem Druck und hoher Geschwindigkeit das Gletscherbett. In Verwirbelungen schleift der hohe Gesteinsmehl-, Sand- und Kiesanteil den Topf in den Felsuntergrund.

das Wasser erst recht in dieser Vertiefung und sandstrahlte weiter. Der Gletschertopf vertiefte sich immer mehr. Bei diesen Bedingungen entstanden die Gletschertöpfe in vermutlich relativ kurzer Zeit; vielleicht reichte sogar ein einziger Sommer.

Veraltet hingegen ist die Theorie, dass ein grosser Stein, stetig vom Wasser bewegt, während Jahrhunderten die Formen ausgemahlen hätte. Deshalb nennt man die Formen heute auch nicht mehr Gletschermühlen, sondern Gletschertöpfe. Man findet zwar tatsächlich oft grosse, runde Steine im Inneren der Töpfe. Man geht heute aber davon aus, dass sie an der Entstehung der Formen nicht beteiligt waren. Vermutlich sind sie in den mehr oder weniger fertigen Topf gefallen und erhielten dort ihre runde Form, ohne selber den Fels darum herum wesentlich abgeschliffen zu haben. Mit dem grossen Druck und der hohen Fliessgeschwindigkeit des Wassers wären solch grosse Steine zerbrochen und zermahlen worden.

▼ Die Situationskarte zeigt die Lage der Gletschertöpfe (gelb) in Cavaglia. Man sieht deutlich, wie die ersten drei Gruppen linienförmig aufgereiht sind. Währenddem die Töpfe der Gruppen 1, 2 und 4 in ihrer vollen Grösse und Tiefe bestaunt werden können, werden diejenigen in der Gruppe 3 demnächst ausgeschaufelt. Die Nummer 5 markiert einen im Jahr 2017 freigelegten Gletschertopf, und im roten Kreis ist der zukünftige Schluchtweg geplant. Der Rundgang durch den Gletschergarten ist rot eingezeichnet (GGC).

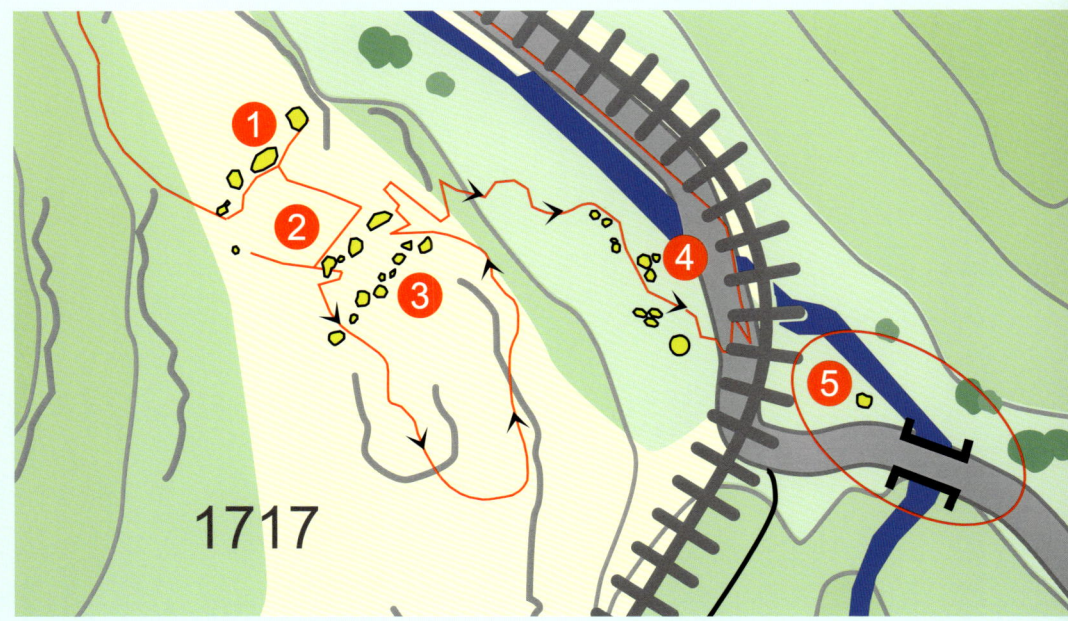

Im Gletschergarten Cavaglia fällt auf, dass an einer Stelle oft mehrere Gletschertöpfe nah beieinander vorkommen und dass sie in Reihen angeordnet sind, die quer zur Fliessrichtung des damaligen Gletschers liegen. Dies unterstützt die Vermutung, dass das Schmelzwasser in die Querspalten des Eiszeitgletschers stürzte.

Da die Gletschertöpfe keinen Abfluss haben, ging es nicht lange, bis sie sich mit Wasser, Schlamm, Erde und Geröll auffüllten. Einmal randvoll waren die Töpfe praktisch unsichtbar. Nur die Vegetation verriet den speziellen Untergrund: Da das Wasser nicht abfliessen kann, herrschen sehr nasse Bedingungen vor und nur Pflanzen, die auf Moore spezialisiert sind, können sich behaupten. Dazu gehört das Scheuchzers Wollgras (Eriophorum scheuchzeri) oder die Braunsegge (Carex nigra). Im Gletschergarten von Cavaglia verbergen sich so noch einige Gletschertöpfe unter einem kleinen Moor.

◄ Im Urzustand sind die Gletschertöpfe mit Steinen, Schlamm, Wasser und Erde aufgefüllt und praktisch unsichtbar. Nur die Moorvegetation verrät den Topf, da das Wasser nicht abfliessen kann.

▼ Scheuchzers Wollgras (Eriophorum scheuchzeri) im Gletschergarten Cavaglia als möglicher Hinweis auf einen noch verborgenen Gletschertopf.

DIE KLEINE EISZEIT UND IHRE SPUREN

DIE MORÄNEN VON 1850

Wer in der Val Morteratsch Richtung Gletscher wandert, erblickt mächtige Moränenwälle, die weit weg von der derzeitigen Gletscherzunge liegen. Als graue, schuttreiche Bänder flankieren sie beide Talseiten und unterbrechen jäh den Wald. Die Vegetation hat es noch kaum geschafft, darin Wurzeln zu schlagen. Es handelt sich um die Ufermoränen des letzten bedeutenden Gletschervorstosses von 1850 während der sogenannten Kleinen Eiszeit. Die Moränen markieren die damalige Ausdehnung des Gletschers.

▼ Die Ufermoränenwälle in der Val Morteratsch sind eindrückliche Zeugen der Gletschergrösse um 1850.

Um 1850 erreichten unsere Gletscher zum letzten Mal einen Hoch-
stand - so weit unten im Tal lagen ihre Gletscherzungen seither nicht
mehr. Wie der Morteratsch hinterliessen viele Gletscher auffällige
Ufermoränenwälle, sodass wir ihre damalige Position im Gelände gut
erkennen können.

Es braucht nicht viel Fantasie, ihre obere Kante in Gedanken zu ver-
binden und sich die damalige Gletscheroberfläche, hoch über unseren
Köpfen, vorzustellen. So können wir auch erahnen, welche Eismenge
seither verschwunden ist.

Gletscherhochstände während der Kleinen Eiszeit können für die
Jahre 1350, 1600 und 1850 nachgewiesen werden. Ihre grösste Ausdehnung erreichten die Gletscher um 1600 und um 1850. Da der
Morteratschgletscher als grösstes Exemplar der Region nur träge und
verzögert auf Temperaturschwankungen reagiert, erreichte er seine

Maximalausdehnung erst um 1860. Beim Palügletscher markieren die
Moränen von 1600 die grösste Ausdehnung.

Obwohl der Name Kleine Eiszeit ziemlich spektakulär klingt, können
die Klimabedingungen dieser Zeit bei weitem nicht mit denen der
Eiszeit verglichen werden. So lag damals die jährliche Durchschnittstemperatur in der Schweiz lediglich um etwa 1.5 bis 1.8 °C tiefer als
2017. Dies führt uns eindrücklich vor Augen, wie sensibel die Gletscher auf Temperaturschwankungen reagieren.

▼ Die 1850er Moränen, hier
beim Tschiervagletscher,
helfen, uns die damalige
Gletscheroberfläche vorzustellen (rote Linie)
(August 2012).

Doch warum kühlten sich die Temperaturen während der Kleinen Eiszeit ab und stiegen anschliessend wieder an? An der Abkühlung sind mehrere Gründe schuld: Erstens fand eine Serie von grossen Vulkanausbrüchen statt, die zu harten Wintern führten, da die Asche in der Atmosphäre die Sonneneinstrahlung dämpfte. So bewirkte der Ausbruch des Vulkans Tambora auf Indonesien das «Jahr ohne Sommer» 1816 in Europa. Zweitens war die Sonnenaktivität während der Kleinen Eiszeit gering, was am Fehlen von Sonnenflecken nachgewiesen werden kann und eine abkühlende Wirkung hat. Diese Klimarückschläge führten zu Hungersnöten und Wirtschaftskrisen in Europa. Viele Engadiner mussten damals mangels Arbeitsplätzen ihre Heimat verlassen. Die Auswanderer verdienten ihren Lebensunterhalt als Söldner oder als Zuckerbäcker.

▼ Um 1600 erreichte der Palügletscher seine grösste Ausdehnung und stirnte unmittelbar vor dem heutigen Lagh da Palü (rot). Die Moränen von 1850 sind orange (März 2017).

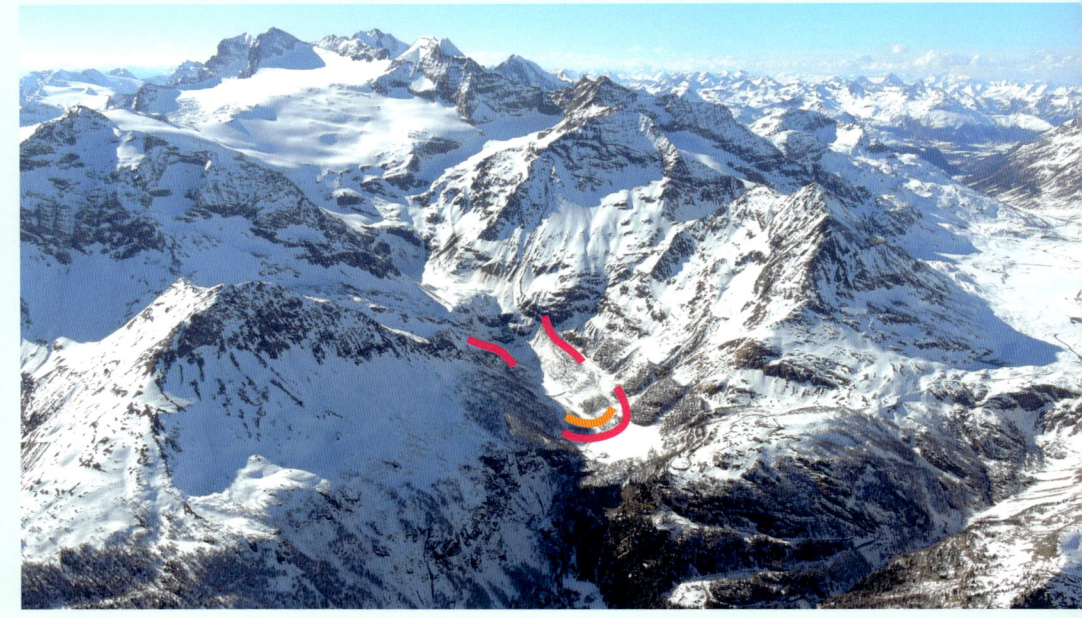

Die Landschaft in der Berninaregion sah damals anders aus, und die Gletscher prägten das Landschaftsbild viel stärker. Die folgende Tabelle gibt Auskunft über die Flächenänderungen ausgewählter Gletscher in der Berninaregion:

NAME	FLÄCHE 1850 IN KM²	FLÄCHE 2015 IN KM²	VERLUST IN PROZENT
Morteratsch und Pers	19.3	14.55	25 %
Roseg und Sella	10.25	6.7	35 %
Tschierva	8.35	4.7	44 %
Palü (auf Schweizer Gebiet)	8.1	5.3	35 %
Cambrena	2.66	1.38	48 %
Fellaria (inkl. Altipiano und Fellaria Orientale)	16.18	9.89	39 %
Scerscen Superiore		4.6	
Scerscen Inferiore	19.61	4.7	50 %
Caspoggio		0.47	
Boval Dadour, d'Mez und Dadains	2.06	0.57	72 %
Diavolezza	0.34	0.03	91 %
TOTAL	86.85	52.89	39 %

Seit 1850 ist also bei den oben aufgelisteten Gletschern eine Fläche von 33.96 km² geschmolzen. Dies entspricht 4756 Fussballfeldern.

▼ Um 1850 waren die beiden Gletscherzungen Roseg und Tschierva noch vereint (August 2016).

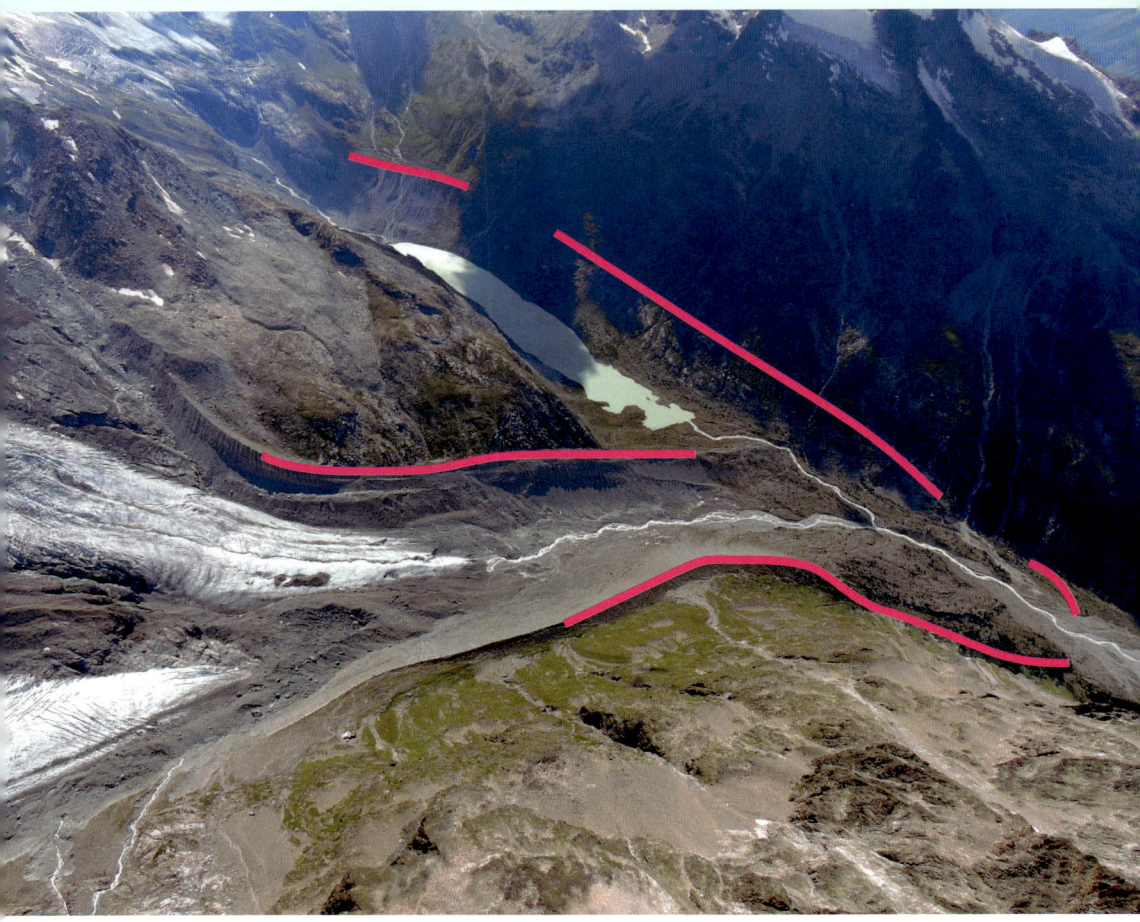

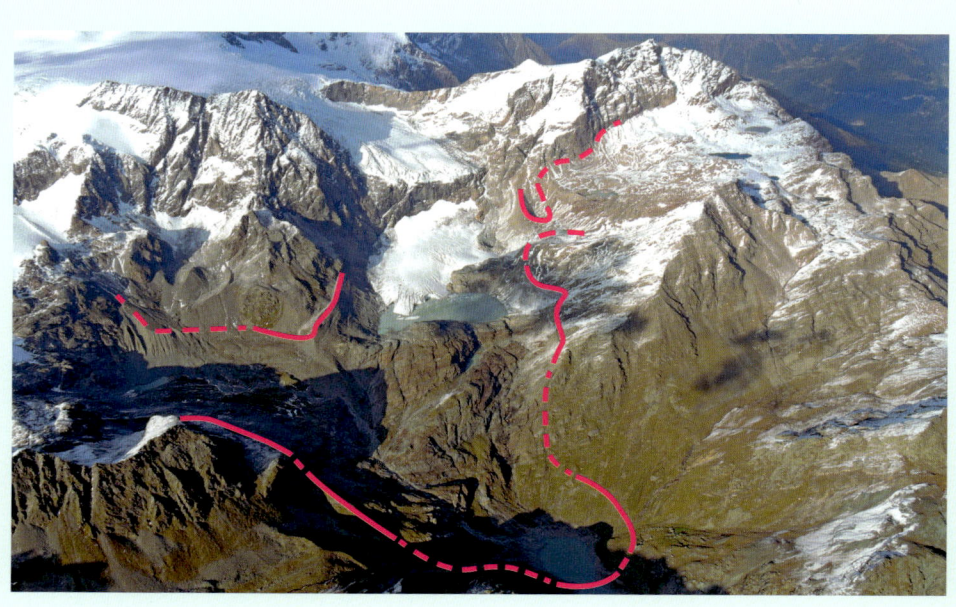

◂ Die Gletscherzunge
der Vedretta di Fellaria
erreichte während der
Kleinen Eiszeit den hinteren Teil des heutigen Lago
di Gera (nach Scotti
e Bonardi).

◂▾ Das Eis der Vedretta
di Scerscen Superiore,
Inferiore und Caspoggio
vereinte sich zu einer
Gletscherzunge, die bis auf
2130 m ü. M. in die Valle
di Scerscen hinabreichte
(nach Scotti e Bonardi).

▾ Der Morteratschglet-
scher näherte sich bis
auf etwa 200 Meter dem
heutigen RhB-Bahnhof
(August 2013).

DAS GLETSCHERVORFELD

Als Gletschervorfeld bezeichnet man die gesamte Fläche, die der Gletscher seit 1850 freigegeben hat. Es umfasst das ganze Gebiet zwischen den End- und Ufermoränen der Kleinen Eiszeit und der heutigen Gletscherzunge. Da viele Gletscher deutliche 1850er-Moränen ablagerten, ist es meistens einfach, das Gletschervorfeld einzugrenzen.

▼ Dank den markanten Moränenwällen kann das Gletschervorfeld Tschierva deutlich abgegrenzt werden (August 2004).

150

Mit dem Gletscherrückzug wachsen die Gletschervorfelder jedes Jahr ein Stück. Sie sind quasi das Zukunftsmodell in der alpinen Landschaft.

Was heute unter dem schmelzenden Eis zum Vorschein kommt, lag Jahrhunderte lang im Verborgenen. So entstehen vor der Gletscherzunge neue Landschaften aus Felsen und losem Geröll. Manchmal geht es erstaunlich schnell, bis die ersten Pflanzen spriessen. Doch bis sich eine geschlossene Vegetationsdecke etabliert hat, dauert es Jahrzehnte. Das bedeutet, dass die offenen Schuttflächen rasch wachsen, denn mit dem Tempo des abschmelzenden Gletschers kann die Vegetation nicht Schritt halten. Mehr zu den dynamischen Gletschervorfeldern im Kapitel 3d «Das Gletschervorfeld: Junges, dynamisches Land».

▼ Je weiter weg von der Gletscherzunge, desto länger eisfrei und desto grüner wird das Gletschervorfeld wie hier in der Val Morteratsch (Juli 2015).

2f **UNSICHTBARER PERMAFROST**

CHARAKTERISTIKEN, FORMEN

Obwohl heutzutage viel über den Permafrost berichtet wird, haben ihn die wenigsten je gesehen. Der Grund dafür ist einfach: Permafrost befindet sich im Untergrund, unterhalb der Erdoberfläche. Er ist ein unterirdisches Phänomen. Und doch ist er nicht ganz unsichtbar. Manchmal verrät er sich durch auffällige Formen in Schutthalden. Dies können rampenartige Aufwölbungen sein oder wie aufgeblasen wirkende Schuttzungen in allen Längen und Formen, nicht selten

▼ Deutlich sind die aufgewölbten, eishaltigen Schuttformen in der Val Muragl erkennbar. Auch das verzögerte Abschmelzen des Schnees weist auf Permafrostbedingungen hin (Oktober 2007).

mit deutlich ausgeprägten Fliesswülsten. Die aufgewölbt wirkenden Formen entstehen, weil sich Wasser ausdehnt, wenn es gefriert. Geschieht dies in einer Schutthalde, drückt das Eis die Steine ein Stück voneinander weg.

Doch nicht überall, wo es Permafrost gibt, kommt auch Eis vor. Die Definition von Permafrost sagt lediglich, dass das betroffene Untergrundmaterial während des ganzen Jahres Temperaturen unter null Grad aufweisen muss. Erfüllt ein trockener Fels diese Bedingung, gehört er auch ohne Eis zum Permafrost. In den meisten Fällen besteht der Permafrost aus einem Gemisch aus Silt, Sand, Schutt oder Fels und einem mehr oder weniger grossen Eisanteil. In einer Schutthalde kann der Eisgehalt sehr hoch sein; im Fels sammelt sich das Eis in den Klüften. Sowohl in den schattigen Zwischenräumen innerhalb einer Schutthalde als auch in Felsklüften herrschen oft Permafrostbedingungen vor, auch wenn die Temperaturen an der Oberfläche deutlich über dem Gefrierpunkt liegen. Fliesst ständig Schmelz- oder Regenwasser von der wärmeren Oberfläche in die Schutthalde oder in die Kluft und gefriert dort, nimmt der Eisgehalt immer mehr zu.

▼ Gefriert Wasser in einer Schutthalde zu Eis, findet eine starke Volumenzunahme statt. Die Steine werden auseinandergedrückt (links), die Schutthalde dehnt sich aus (rechts) und bekommt eine aufgewölbte Form. Oft gelangt fortlaufend Wasser dazu und gefriert, bis eine Schutthalde sogar volumenmässig mehr Eis als Steine enthalten kann.

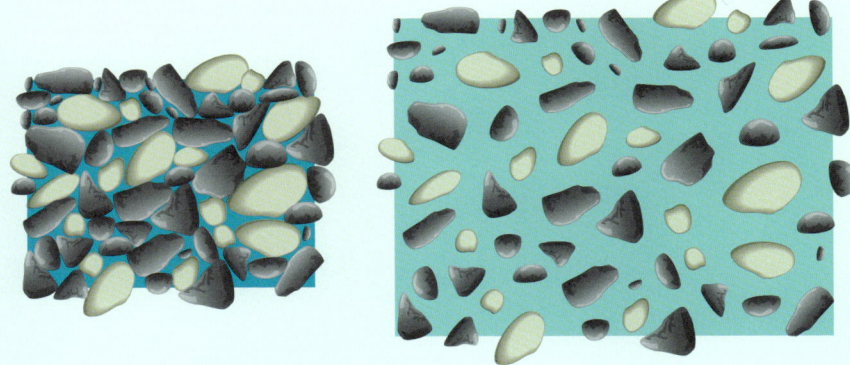

Irgendwann wächst der Eisgehalt soweit an, dass er die einzelnen Steine in der Schutthalde voneinander wegdrückt, bis sich diese nicht mehr berühren. Damit geht die innere Reibung zwischen den Steinen verloren, dafür sorgt das Eis mittels Kohäsion für einen guten Zusammenhalt. Und da Eis zähplastische Eigenschaften aufweist, beginnt eine genug steile Schutthalde zu fliessen. Dauert diese Bewegung lang genug und ist ausreichend Eis vorhanden, bilden sich auffällige Fliesswülste, die an einen Lavastrom erinnern. Man spricht von einem Blockgletscher. Ein besonders schönes Beispiel befindet sich in der Nähe der Mittelstation Murtèl der Corvatschbahn. Im Gegensatz zu einem Gletscher sieht man beim Blockgletscher das Eis nicht direkt. Auch fliesst der Blockgletscher mit wenigen Zentimetern pro Jahr viel langsamer als ein Gletscher.

▼ Der Blockgletscher Murtèl zeigt seine ausgeprägten Fliesswülste in der tiefstehenden Sonne besonders schön.

Blockgletscher mit ihren Fliessformen sind also ein Hinweis auf die Existenz von Permafrost. Aber wo muss man überall mit Permafrost rechnen? Seine Verbreitung ist in erster Linie abhängig von der Exposition und damit der Sonneneinstrahlung und der Höhe über Meer.

In steilen südexponierten Bergflanken findet man den Permafrost erst oberhalb von 2900 m ü. M.; dagegen kann er in Nordwest– bis Nordhängen bereits ab 2400 m ü. M. vorkommen. An besonders schattigen Stellen oder in Hangfusslagen, wo der Lawinenschnee

▼ Die Visualisierung der Berninaregion zeigt, wo überall mit Permafrost gerechnet werden muss. Dahinter steckt eine ausgeklügelte Modellierung, denn die Höhenlage und die Exposition sind nicht die einzigen Einflussfaktoren.

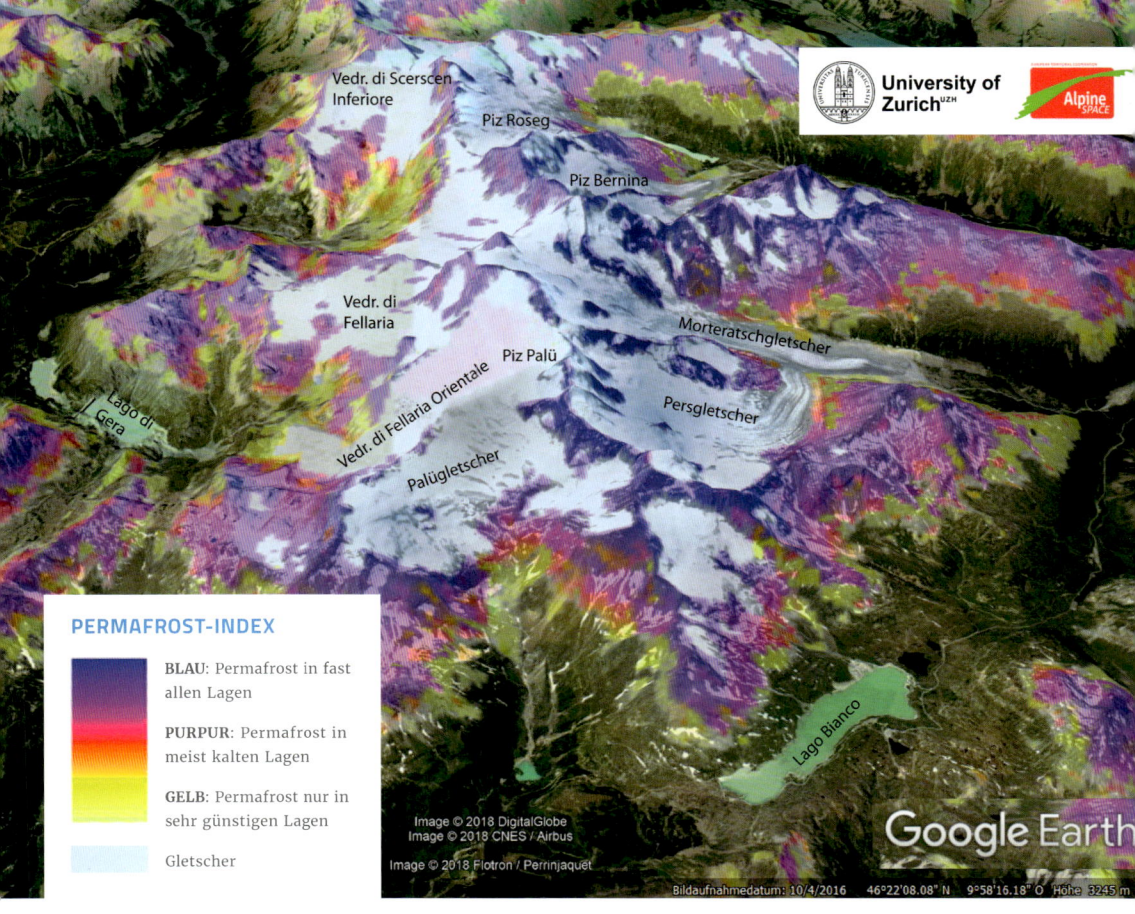

PERMAFROST-INDEX

BLAU: Permafrost in fast allen Lagen

PURPUR: Permafrost in meist kalten Lagen

GELB: Permafrost nur in sehr günstigen Lagen

Gletscher

155

lange in den Frühling hinein liegen bleibt, können Permafrostflecken vereinzelt schon ab einer Höhe von 2100 m ü. M. existieren.

Aber auch die Schneebedeckung spielt eine entscheidende Rolle. Als guter Isolator verhindert eine mächtige Schneedecke, dass der Untergrund im Winter auskühlen kann. Umgekehrt schützt er aber auch vor der Wärme, wenn der Schnee lange in den Sommer hinein liegen bleibt. Ist die Schneedecke nur dünn und durch Geröll und Steine un-

▼ Schnee-/Eisflecken, die den Sommer ganz oder fast überdauern, sind Hinweise auf Permafrost, hier ein Beispiel am Schafberg oberhalb von Pontresina.

terbrochen, kann der Untergrund besser auskühlen als ohne Schnee. Deshalb sind aus groben Gesteinsblöcken bestehende Schutthalden günstig für Permafrost, denn hier bildet sich selten eine geschlossene Schneedecke.

Der Permafrost reicht in der Regel nicht bis an die Oberfläche. Je nach Standortverhältnisse tauen jeden Sommer die obersten paar Meter auf. Da sie nicht das ganze Jahr über Temperaturen unter null Grad aufweisen, zählen sie nicht zum Permafrost; man nennt diesen Bereich Auftauschicht. Auf dem Blockgletscher Murtèl beträgt die Auftauschicht etwa 2.5 Meter, am Schafberg oberhalb von Pontresina rund vier Meter. Erst darunter beginnt mit dem sogenannten Permafrostspiegel der eigentliche Permafrostkörper.

▼ Eine dünne Schneedecke und grobe Gesteinsblöcke sind Idealbedingungen für den Permafrost. Der Boden kann so gut auskühlen, hier der Murtèl-Blockgletscher beim Corvatsch (Oktober 2004).

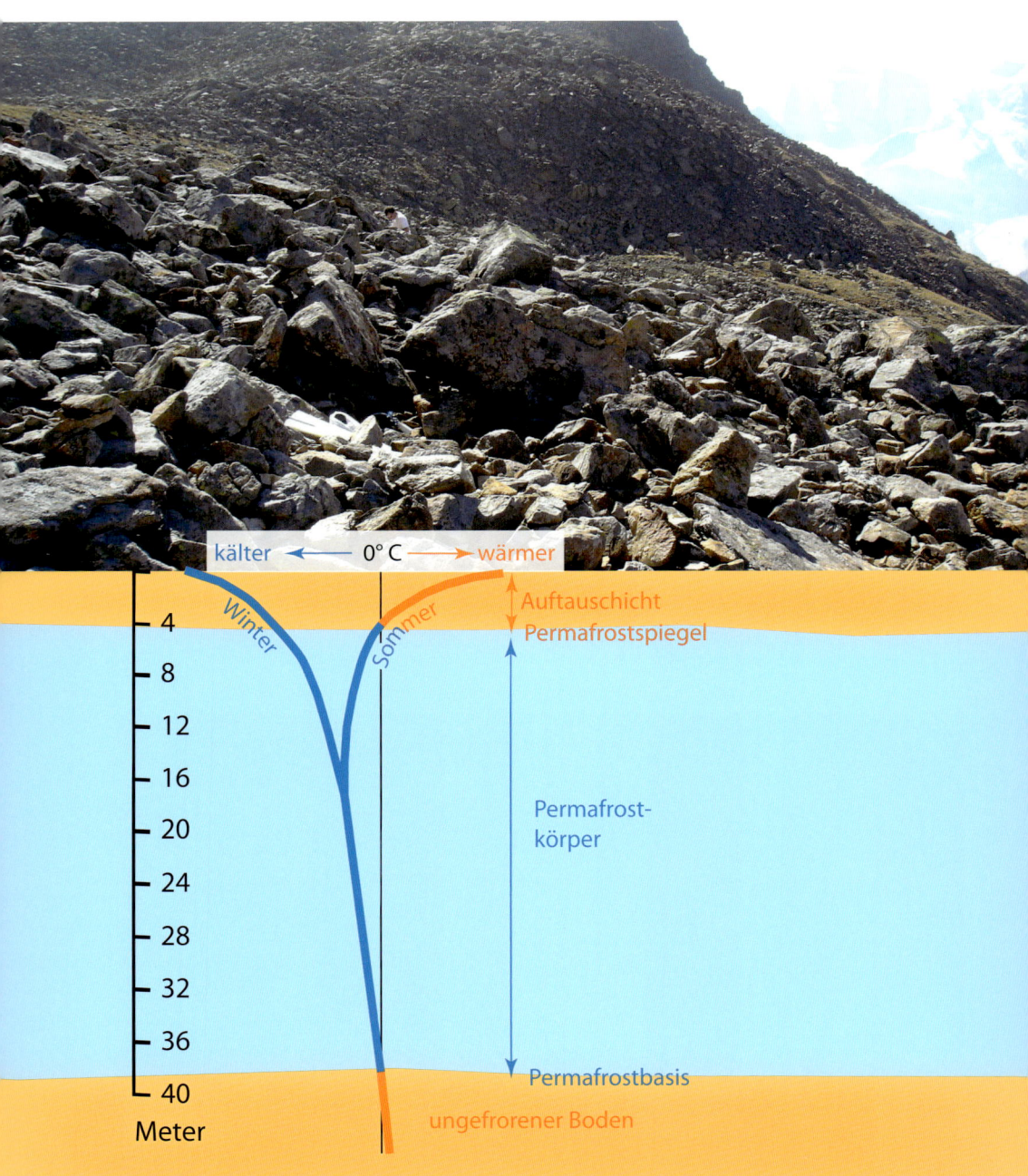

kälter ← 0° C → wärmer

Winter

Sommer

Auftauschicht
Permafrostspiegel

Permafrost-
körper

Permafrostbasis
ungefrorener Boden

4
8
12
16
20
24
28
32
36
40

Meter

MESSMETHODEN

Wie findet man heraus, ob es an einem bestimmten Ort Permafrost hat oder nicht? Es gibt einige Permafrost-Hinweise, die einfach zu beobachten sind und eine grobe Abschätzung erlauben: vegetationsfreie Flächen, Schneeflecken, die den Sommer ganz oder fast überdauern, grobblockige Schuttflächen oder Blockgletscher. Wo Murmeltiere ihre Höhlen graben, kann man Permafrost ausschliessen. Auch unter einer geschlossenen Vegetationsbedeckung kommt selten Permafrost vor.

Reicht eine grobe Abschätzung nicht, muss man auf Messmethoden zurückgreifen. Findet man eine Quelle, kann man die Wassertemperatur messen. Liegt diese unter +2 °C, ist das Vorhandensein von Permafrost im Einzugsgebiet der Quelle wahrscheinlich. Ab einer Schneehöhe von 70 cm ist die Temperatur an der Basis der Schneedecke nur noch von den Bodenverhältnissen beeinflusst und nicht mehr von den Lufttemperaturen. Mit einem Thermometer an der Spitze einer Sonde lässt sich die Basis-Temperatur der Schneedecke messen und so punktuell Permafrost feststellen oder ausschliessen.

Um das Vorhandensein von Eis im Boden eindeutig nachzuweisen, sind jedoch aufwändigere Messungen wie Geoelektrik oder Geoseismik nötig. Eis hat besonders hohe elektrische Widerstände und Ausbreitungsgeschwindigkeiten von seismischen Wellen. Auch Radarmethoden werden oft verwendet. Für das Nachweisen von Eis im Untergrund liefert die Kombination solcher Methoden die besten Resultate.

◄ Dieses Temperaturprofil vom Schafberg oberhalb von Pontresina zeigt deutlich, dass der Permafrost nicht bis zur Oberfläche reicht und die obersten Meter jeweils im Sommer auftauen. Ab einer gewissen Tiefe gibt es keine Temperaturunterschiede mehr zwischen Sommer und Winter. Durch die Erdwärme überschreiten die Temperaturen an der Permafrostbasis wieder den Gefrierpunkt.

▼ Das Gerät erzeugt einen elektrischen Impuls, der über das gelbe Kabel in die Schutthalde geleitet wird. Das Messresultat zeigt in einem Längsschnitt, wo es vermutlich Eis hat (blaue Flächen, also hohe Widerstände; Foto und Grafik: Kneisel).

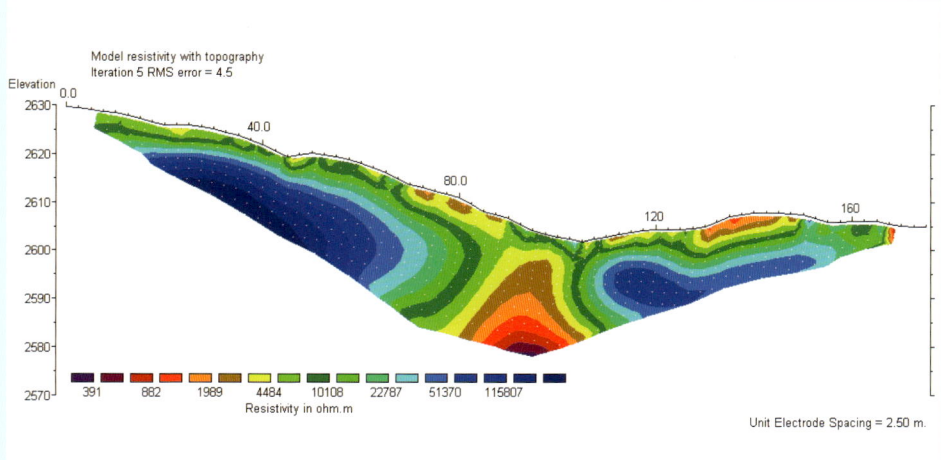

Model resistivity with topography
Iteration 5 RMS error = 4.5

Elevation

Resistivity in ohm.m

391 882 1989 4484 10108 22787 51370 115807

Unit Electrode Spacing = 2.50 m.

PERMOS

Viele Permafrosttemperaturen in den Alpen liegen zwischen etwa −3 °C und 0 °C und sind somit relativ nahe am Schmelzpunkt. Um möglichst viele Informationen über die Temperaturen und die Erwärmung des Permafrosts zu haben, misst das Projekt PERMOS (Swiss Permafrost Monitoring Network) an ausgewählten Standorten in den Schweizer Alpen Permafrost-Temperaturen und Fliessgeschwindigkeiten. Auch die Temperaturen im Blockgletscher Murtèl sowie im Blockgletscher auf dem Schafberg bei Pontresina finden Einzug in die PERMOS-Datenbank und sind auf www.permos.ch zugänglich.

▼ Mit solchen Temperaturloggern werden in der Schweiz an zahlreichen Orten die Permafrosttemperaturen überwacht, so auch am Schafberg oberhalb von Pontresina und auf dem Murtèl-Blockgletscher.

AUFTAUENDER PERMAFROST UND NATURGEFAHREN

Auch der Permafrost erwärmt sich unter dem Einfluss der Klimaveränderung und taut schliesslich auf. Doch die steigenden Luft-Tempe-
raturen machen sich nur langsam und verzögert im Untergrund be-
merkbar. Obwohl das Permafrosteis, im Gegensatz zu den Gletschern,
langsamer und grösstenteils im Verborgenen schmilzt, spüren wir die
Auswirkungen bereits.

Was passiert, wenn der Permafrost auftaut? Um diese Frage zu be-
antworten, müssen wir zwischen Lockermaterial wie Schutt und Fels
unterscheiden.

LOCKERMATERIAL

Steigen die Temperaturen in einer Schutthalde, wird das Eis weicher;
die Fliessgeschwindigkeit eines Blockgletschers nimmt zu. Eindrin-
gendes Wasser kann dies noch verstärken. Schmilzt das Eis, finden
oft massive Setzungsbewegungen statt. Eine zuvor eishaltige Schutt-

▼ Auf diesem relikten
Blockgletscher bei Lang-
wies (Arosa) wachsen
bereits Bäume (Juni 2003).

halde sackt quasi in sich zusammen. Mit dem Eisverlust hört oft auch die Fliessbewegung eines Blockgletschers auf, man bezeichnet ihn dann als «inaktiv». In der steilen, aber feinkörnigen Blockgletscherfront beginnen Pflanzen zu wachsen. Ist das Eis komplett geschmolzen, ist die Blockgletscherform mit den Fliesswülsten zwar noch erkennbar, wirkt aber eingefallen. Solche relikte Blockgletscher können vollständig zuwachsen.

Eishaltiges, ganzjährig gefrorenes Lockermaterial ist relativ stabil, da das Eis die Steine zusammenhält. Nur in der Auftauschicht sind lose Steine vorhanden. Wird es wärmer, nimmt die Mächtigkeit der Auftauschicht zu, da Eis am Permafrostspiegel schmilzt. Folgt nun ein Sommergewitter mit grossen Regenmengen, sammelt sich das Wasser in der Auftauschicht. Wenn das Wasser alle Zwischenräume komplett ausfüllt, ist die Schutthalde wassergesättigt. Kommt jetzt noch mehr Wasser dazu, ist die Schutthalde übersättigt; die Steine werden von-

▼ Links ist die Schutthalde nicht mit Wasser gesättigt; die Zwischenräume sind nicht vollständig mit Wasser gefüllt. In der Mitte ist die Schutthalde wassergesättigt: Alle Zwischenräume sind voll Wasser, doch die Steine berühren sich noch. Rechts ist die Schutthalde übersättigt; das Wasser drückt die Steine auseinander, und die Stabilität der Schutthalde nimmt ab.

einander weggedrückt, der Reibungswiderstand nimmt ab und damit auch die Stabilität der Schutthalde. Wenn das Gelände genug steil ist, können diese Bedingungen einen Murgang auslösen. Das Gemisch von Wasser und Geröll wälzt sich talwärts, bis es wieder flacher wird. Die steilen Blockgletscherstirnen sind besonders gefährdet, und eine solche liegt zuoberst in der Val Giandains oberhalb von Pontresina. Deshalb schützen seit 2003 Rückhaltedämme das Dorf vor Murgängen, im Winter aber auch vor Lawinen.

Je wärmer es wird, desto tiefer dringt die Auftauschicht in die Schutthalde hinein, desto mehr ungefrorener Schutt ist vorhanden, desto mehr Material steht für einen Murgang zur Verfügung und desto grösser kann der Murgang werden. Das Schmelzen des Eises am Permafrostspiegel allein löst den Murgang aber noch nicht aus, sondern ist nur die Rahmenbedingung dafür. Die Auslösung passiert erst, wenn genug Wasser in die Schutthalde kommt. Dazu braucht es in der Regel eine langanhaltende Regenperiode oder ein intensives Sommergewitter.

▾ In der Auftauschicht sammelt sich das Wasser, da es im darunterliegenden Eis nicht versickern kann (links). Ist die Auftauschicht wasserübersättigt (Mitte), kann der Schutt ins Rutschen kommen, dabei dient der Permafrostspiegel als Gleitfläche (rechts).

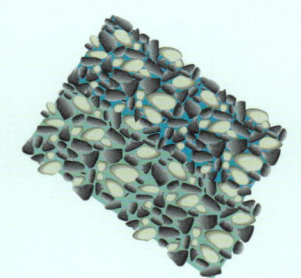
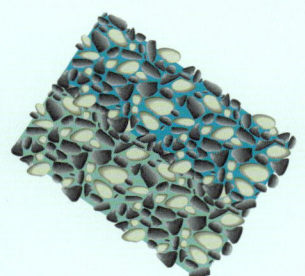
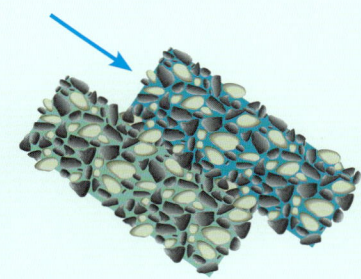

Wenn es immer wärmer wird, ist das Eis in der Schutthalde irgendwann komplett geschmolzen. Jetzt ist die Wahrscheinlichkeit, dass ein Murgang startet, wieder geringer. Die Reibung zwischen den trockenen Steinen verleiht der Schutthalde wieder eine gewisse Stabilität, und während eines heftigen Gewitters kann das Regenwasser ungehindert durch die Schutthalde versickern.

▼ Diverse Murgänge haben sich während eines Gewitters im Juli 2010 am Piz Albris gelöst, die Bernina-Passstrasse sowie die RhB-Linie wurden dabei verschüttet (Kreise).

FELSWÄNDE

Sind im permafrosthaltigen Fels Klüfte vorhanden, können sie Eis enthalten. Solange eishaltige Felswände das ganze Jahr über gefroren bleiben, sind sie relativ stabil. Wärmere Atmosphärentemperaturen führen aber auch hier, wie in der Schutthalde, zum Schmelzen des oberflächennahen Eises. Im besten Fall erlaubt das Kluftsystem im Fels ein Abfliessen des Schmelzwassers. Bleibt das Wasser jedoch in der Kluft gefangen und gefriert wieder, übt die Volumenzunahme einen Druck auf den Fels aus. Wiederholte Gefrier-Tauwechsel ermüden ihn und bereits vorhandene Klüfte können sich vergrössern und erweitern, bis es zu Steinschlag, Felssturz oder einem Bergsturz kommt. Selten ist dieser Prozess der alleinige Auslöser für grössere Ereignisse wie Bergstürze.

Gefrier-Tau-Wechsel im Kluftsystem ereignen sich aber auch unterhalb der Permafrostverbreitung, wenn die Temperaturen nachts oder im Winterhalbjahr unter 0 °C sinken. Die Nachtfröste sind nur bis einige Zentimeter tief unter der Felsoberfläche spürbar, sie verursachen somit Steinschlag mit weniger als 100 m³ Material. Der Winterfrost erreicht Tiefen im Meterbereich und hat das Potential, Felsstürze mit mehr als 100 m³ Material auszulösen. Der Permafrost reicht mehrere Zehner bis Hunderte Meter tief in den Fels. Ihm verdankt der Fels nicht nur eine gute Festigkeit, sondern auch, dass er wasserdicht ist. Stetig steigende Lufttemperaturen bewirken, dass sich der Permafrost immer weiter in den Felsen hinein erwärmt. Auch Schmelzwasser von oberflächennahen Bereichen, das ins Felsinnere fliesst, transportiert Wärme mit. Eine Felswand mit

eishaltigen Klüften wird dann am instabils-
ten, wenn das Eis Temperaturen zwischen
-1.5 °C und 0 °C erreicht. Dann nämlich
bildet sich ein Wasserfilm zwischen Fels
und Eis, und die Stabilität nimmt markant
ab. Je tiefer in der Felswand dies passiert,
desto günstiger werden die Voraussetzungen
für ein volumenmässig grosses Ereignis wie
einen Bergsturz, der mehr als eine Million
Kubikmeter Material umfasst.

Ein Bergsturz mit 1.5 Millionen Kubikmeter
Fels donnerte am 27. Dezember 2011 aus der
Nordostwand des Pizzo Cengalo herab.

Der Winter als Zeitpunkt für einen Bergsturz
mag auf den ersten Blick erstaunen. Doch die
Sommerwärme dringt nur langsam in den
Felsen ein, sodass in einer gewissen Tiefe
erst im Hochwinter die höchsten Temperaturen erreicht werden. Wo tiefgründiger,
auftauender Permafrost mitwirkt, können
sich also auch im Winter grosse Bergstürze
ereignen.

Am 23. August 2017 löste sich, unterhalb
des Anrisses von 2011, erneut ein grosser
Bergsturz am Pizzo Cengalo. Die schät-
zungsweise 3 Millionen Kubikmeter Geröll
stürzten auf einen Gletscher. Durch die Rei-
bungswärme des Sturzereignisses schmolz
das Eis, was genug Wasser für einen Murgang freisetzte. Dieser wälzte sich durch die
Val Bondasca bis nach Bondo hinunter, wo er
das Auffangbecken auffüllte. Nachfolgende
Murgänge, ausgelöst in der wasserhaltigen

▼ Die Trümmer des
Felssturzes aus dem Piz
Morteratsch im Jahre 1988
haben bereits die Zunge
des Tschiervagletschers
erreicht. Sie werden nun
im Gletschervorfeld liegen
bleiben (August 2007).

▼▼ Die Felssturz-Abla-
gerung auf der Vedretta
di Scerscen Superiore
hat etwa die Hälfte ihrer
Reise vom Fusse des Piz
Scerscen bis zur Gletscherzunge hinter sich und legt
jedes Jahr ungefähr acht
bis zehn Meter zurück
(Oktober 2017).

Bergsturzmasse durch Nachstürze und starken Regen, führten zu erheblichen Schäden bei Bondo. Das Anrissgebiet des Bergsturzes lag nur knapp oberhalb der Untergrenze der angenommenen Permafrostverbreitung. Diese Lage lässt die Vermutung aufkommen, dass zu den Ursachen, neben weiteren Faktoren, auch auftauender Permafrost gehörte. Noch zwei Tage nach dem Ereignis war deutlich sichtbar, wie Wasser aus dem Felsen austrat. Dies ist ein Hinweis auf das Vorhandensein eines wasser- und wahrscheinlich auch eishaltigen Kluftsystems im Berg.

▶ Pizzo Cengalo: rot das Anrissgebiet von 2011, orange jenes von 2017. Deutlich ist an den dunklen Stellen sichtbar, wie Wasser aus dem Fels austrit (August 2017, zwei Tage nach dem Bergsturz).

3 BEDEUTUNG DER GLETSCHERWELT FÜR DIE MENSCHHEIT

3a GLETSCHER UND KLIMAWANDEL

BOHRKERNE AUS GRÖNLAND

Um das heutige und zukünftige Wettergeschehen besser zu verstehen und abschätzen zu können, hilft es, zuerst das vergangene Klima zu kennen und zu verstehen. Arbeiten wir mit meteorologischen Aufzeichnungen, reicht unser Blick nur einige Jahrhunderte zurück. Um tiefer in die vergangenen Klimaverhältnisse vorzudringen, müssen wir natürliche Klimaarchive auswerten. Davon gibt es verschiedene: Ablagerungen am Seegrund, Jahrringe von Bäumen, konservierte Pflanzenpollen in Mooren oder auch das Gletschereis enthalten Informationen über längst vergangene Klimaverhältnisse.

Gletscher wachsen oder schmelzen in Abhängigkeit der Temperatur- und Niederschlagsverhältnisse mehrerer aufeinanderfolgender Jahre, sie sind also in erster Linie vom Klima abhängig. Frühere Gletschervorstösse können in vielen Fällen anhand der zurückgebliebenen Moränen rekonstruiert werden und erlauben Abschätzungen über die

▼ Ein Eisbohrkern aus Grönland wartet darauf, ausgewertet zu werden. (Foto Sepp Kipfstuhl, http://www.spiegel.de/ wissenschaft/natur/bild- 1153545-1154039.html).

damaligen Klimaverhältnisse. Doch Hinweise zu minimalen Gletscherausdehnungen fehlen oft, weil die Gletscher bei Wiedervorstössen die entsprechenden Spuren zerstört haben.

Doch Gletscher beherbergen noch ein anderes Klimaarchiv. Entsteht aus Schnee Eis, wird Luft eingeschlossen und bleibt im Eis gefangen (siehe Kapitel 2a «Am Anfang war die Schneeflocke»). Die zum Zeitpunkt der Eisbildung herrschenden Temperaturen bestimmen das Verhältnis unterschiedlicher Sauerstoff-Isotope in der eingeschlossenen Luft. Solange kein Schmelzwasser eindringt, bleibt dieses Verhältnis im Eis jahrhundertelang konserviert. Die wertvollen Informationen müssen also nur noch ausgewertet werden. Möglichst altes Eis ohne Einfluss von Schmelzwasser findet man auf den grössten Eisschilden dieses Planeten in der Antarktis oder in Grönland. Die ältesten ausgewerteten Eisproben aus Grönland sind bis zu 100'000 Jahre alt; in der Antarktis geben sie sogar Auskunft über die letzten 800'000 Jahre und somit auch über mehrere Eiszeiten.

Die grönländischen Eisbohrkerne liefern zwar wertvolle Informationen über das vergangene Klima, widerspiegeln aber die Verhältnisse in Grönland und nicht unbedingt diejenigen in den Alpen.

▼ Die Schwankungen der Gletscherlänge in den letzten 15'000 Jahren, zusammengestellt mithilfe der Auswertung verschiedener Klimaarchive. Seit dem Ende der letzten Eiszeit vor rund 10'000 Jahren lagen die Gletscherlängen mehr oder weniger innerhalb der Schwankungsbreite von 1850 bis 2000 (nach Maisch).

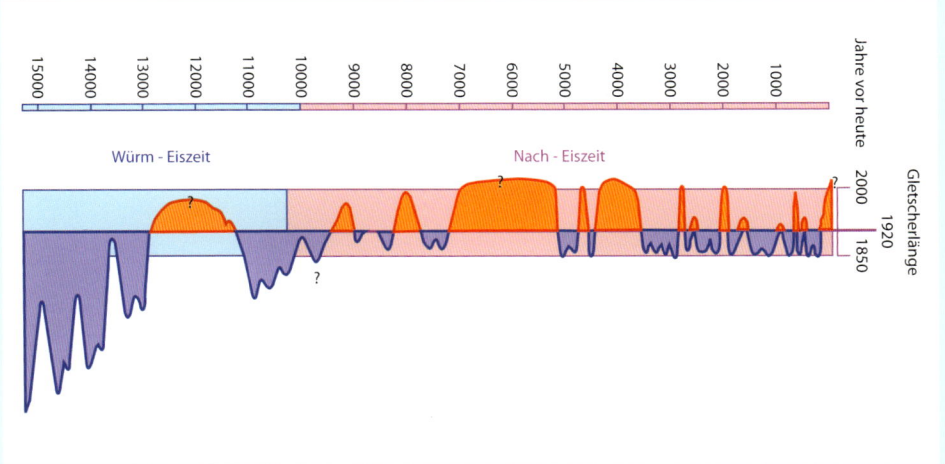

Im Oberengadin haben Wissenschaftler verschiedene Klimaarchive untersucht und ausgewertet. Sie entnahmen Proben aus dem Seegrund des Silser-, Silvaplaner- und St. Moritzersees sowie aus dem Torfmoor Mauntschas bei St. Moritz und untersuchten auch die Jahrringe von Arven im Stazerwald. Ebenfalls geplant war, beim Piz Zupò auf einer Höhe von 3900 Metern über Meer einen Eisbohrkern zu entnehmen. Doch das Eis war zu warm, die eingeschlossene Luft vom Schmelzwasser beeinflusst und eine Auswertung als Klimaarchiv somit nicht möglich. Im Projekt VITA (Varves, Ice cores and Tree rings – archives with annual resolution) wird nun versucht, diese unterschiedlichen Klimaarchive zu vernetzen und auf ihre Genauigkeit und Aussagekraft hin zu vergleichen.

AKTUELLER GLETSCHERSCHWUND
Seit 1864 ist die Durchschnittstemperatur in der Schweiz um 1.8 °C angestiegen. Dabei beschleunigte sich die Erwärmung seit 1980. Von den zehn wärmsten bisher gemessenen Jahren sind neun nach 2000 aufgetreten.

Der Eisverlust seit 1850 ist eindrücklich und hält uns den seither erfolgten Temperaturanstieg vor Augen (siehe Kapitel 2e «Die Kleine Eiszeit und ihre Spuren»). Der Morteratschgletscher erreichte seinen Höchststand erst um 1860, dann setzte ein bis heute ununterbrochener Rückzug ein. Zwar verlangsamte sich die Schmelze zwischen 1965 und 1990; seither hat sich das Rückzugstempo aber wieder auf durchschnittlich 30 Meter pro Jahr verdoppelt. Viele kleinere Gletscher mit einer geringeren Reaktionszeit schafften es, in der Periode von 1965 bis 1990 sogar ein bisschen vorzustossen. Die Ursachen für diese kühlere Phase liegen in der Luftverschmutzung, welche die Sonneneinstrahlung dämpfte, und in periodischen Schwankungen von Meeresströmungen im Nordatlantik, die abwechselnd für wärmere und kühlere Verhältnisse in Mitteleuropa sorgen.

So hat der Morteratschgletscher von 1860 bis 2016 insgesamt 2.8 Kilometer an Länge verloren. Oder anders gesagt: Die Erwärmung von gut 1.8 °C kostete den längsten Gletscher im Berninagebiet 2.8 Kilometer!

In der Schweiz werden die Positionen von rund 120 Gletscherzungen jährlich vermessen. Die Resultate dieser Längenänderungen sind im Internet unter www.glamos.ch frei zugänglich. Der World Glacier Monitoring Service (WGMS) mit Sitz an der Universität Zürich trägt Daten von weltweiten Gletschermessungen zusammen und verwaltet sie (www.wgms.ch).

Insbesondere bei flachen und grossen Gletschern ist die Längenänderung eine Folge mehrerer Jahre mit einer negativen oder positiven Massenbilanz. Die Längenänderung repräsentiert somit nicht das Wetter einzelner Jahre, sondern den Durchschnitt des Wettergeschehens über mehrere Jahre, also das Klima. Dies macht die Messungen und Aufzeichnungen der Längenänderungen so wertvoll (siehe Kapitel 2c «Vom Klima geprägt»). Dazu kommt, dass die Längenänderung gut sichtbar ist und einfach beobachtet werden kann.

▼ Die Grafik zeigt die aufsummierten Längenänderungen einiger Gletscher. Im Zeitraum zwischen 1970 und 1985 konnten manche Gletscher etwas an Länge zulegen, seither ziehen sich alle zurück. Der starke Längenverlust beim Roseggletscher ist auf das Abtrennen der Gletscherzunge zurückzuführen (siehe Kapitel 3b «Aktuelles von der Gletscherfront»; nach WGMS).

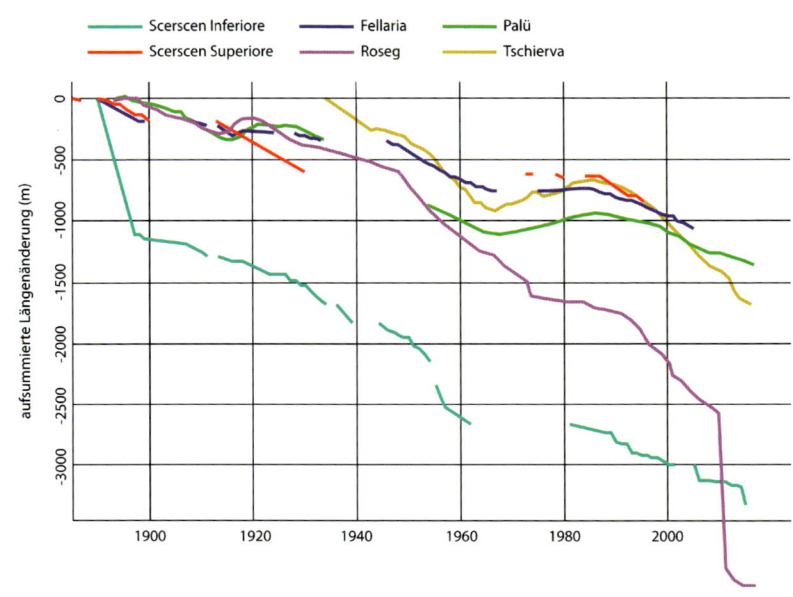

175

▼ Grosse Veränderungen können zwischen 2005 (links) und 2017 (rechts) im Zungenbereich der Vedretta di Fellaria Orien- tale beobachtet werden, wo das Gletschereis einem See gewichen ist.

▼▼ Der Eisverlust zwischen 2005 (links) und 2017 (rechts) ist auch beim Palügletscher gut sichtbar, nicht nur an der Form des Lagh da Caralin im Vordergrund, sondern auch an der Eisdicke und dem neuen See oberhalb der Felsstufe.

Seit Anfang der 1990er Jahre ist ein beschleunigter Gletscherrückzug festzustellen. Einige Ausreisser sind meistens auf topographische Bedingungen zurückzuführen. So zeigt der grosse Längenverlust von über einem Kilometer im Jahr 2010 beim Roseggletscher nicht eine starke Schmelze an, sondern den Zeitpunkt, als sich der obere Teil des Gletschers in der steilen Felsstufe von seiner Zunge trennte (siehe Kapitel 3b «Aktuelles von der Gletscherfront»).

Trotz dieses starken Gletscherrückgangs sind die Gletscher für die heutigen Temperaturverhältnisse immer noch zu gross. Der Grund dafür ist ihre lange Reaktionszeit. Selbst wenn die Temperaturen ab heute nicht mehr weiter steigen würden, würden die Gletscher noch viele Jahre lang weiter zurückschmelzen.

ZUKÜNFTIGER GLETSCHERSCHWUND

Um den zukünftigen Gletscherrückzug abzuschätzen, stützen wir uns auf Temperaturszenarien der IPCC (Intergovernmental Panel on Climate Change) ab. Diese sind mit grossen Unsicherheiten behaftet. Viele Faktoren, die eine bedeutende Rolle spielen, können nicht modelliert, sondern nur geschätzt werden. Am wenigsten wissen wir über unsere soziale und wirtschaftliche Entwicklung: Das globale Bevölkerungswachstum, der Anteil von fossilen gegenüber erneuerbaren Energien, das Wirtschaftswachstum, die Globalisierung, die Schere zwischen Arm und Reich sowie die weltpolitische Lage sind unberechenbare Faktoren.

Gehen wir vom Szenario aus, dass bis Ende dieses Jahrhunderts keine weiteren Massnahmen zum Klimaschutz umgesetzt werden (sogenanntes Referenzszenario), müssen wir global bis 2100 mit einem Anstieg der jährlichen Durchschnittstemperatur zwischen drei und fünf Grad Celsius rechnen; in den Alpen wird die Erwärmung sogar noch grösser sein. Bei einem Szenario mit einer massiven Minderung der Treibhausgasemissionen erwarten uns bis Ende Jahrhundert um ein bis zwei Grad wärmere Temperaturen. Dies entspricht dem Temperaturanstieg, den wir seit 1864 registriert haben.

Weniger eindeutig sind die Szenarien für die jährlichen Niederschlags-mengen. Nur über die saisonale Verteilung sind sich die Klimamodelle einig: Im Sommer müssen wir mit weniger Niederschlag rechnen, im Winter dafür mit mehr. Über das ganze Jahr gesehen zeigen die Mo-delle für den Alpenraum keine Tendenz zu mehr oder weniger Nieder-schlag. Mehr Schneefall im Winter klingt zwar gut für die Gletscher, doch die Auswirkungen auf die Massenbilanz sind bescheiden, weil die Erwärmung den grösseren Einfluss ausübt: Mit den steigenden Tem-peraturen wird auch die Schneefallgrenze steigen, mehr Niederschlag in Form von Regen fallen und der Schnee früher schmelzen.

Erst für die Zeit nach 2050 gehen die Temperaturkurven der ver-schiedenen Treibhausgasemissions-Szenarien markant auseinander. Weil das Klimasystem träge und stark verzögert reagiert, merken wir bis dann noch relativ wenig davon, ob wir die Treibhausgasemissio-nen senken oder nicht.

Und nochmals verzögert reagieren die Gletscher mit ihrer Längenän-derung. Dies widerspiegelt die negative Massenbilanz des Morte-ratschgletschers von minus 0.9 Metern Wasseräquivalent pro Jahr (siehe Kapitel 2c «Vom Klima geprägt»). Selbst wenn das Klima ab heute stabil bleiben und auf dem Niveau von 2001 bis 2010 verharren würde, dürfte der Morteratschgletscher noch ungefähr zwei Kilome-ter seiner Länge und 30 % seines Volumens von 2015 einbüssen.

In den Alpen müssen wir mit einem Verlust der Gletscherfläche von 20 bis 50 % bis 2050 rechnen, unabhängig vom Temperaturszenario. Wenn wir es nicht schaffen, die Treibhausgasausstösse einzuschrän-ken, werden bis 2100 bis zu 90 % der Gletscherflächen in den Alpen abschmelzen. Selbst bei umgesetzten Klimaschutzmassnahmen und einer Erwärmung von nicht mehr als 2 °C gegenüber vorindustriellem Niveau dürften unsere Gletscher bis 2100 immer noch gegen 75 % ihrer Fläche verlieren.

Ob die Temperatur bis 2100 um 1.5 °, 3 ° oder sogar 4 ° ansteigt, wird sich erst ab 2050 mit einer Verlangsamung oder Beschleunigung

▸ Die beiden Grafiken zeigen die erwartete Tem-peraturentwicklung für die Alpensüdseite im Winter und im Sommer für ver-schiedene Szenarien mit einem starken (rot) und mittleren (violett) Anstieg und einer Reduktion (gelb) der Treibhausgasemissio-nen. Die graue Einfärbung zeigt den Unsicherheits-bereich der Szenarien an (nach meteoschweiz.ch).

auf das Zurückschmelzen grosser Eisströme wie des Morteratschs auswirken. Rechnen wir mit einem Temperaturanstieg von +4 °C bis 2100, würde ab 2050 nochmals ein beschleunigter Eiszerfall einsetzen und die Gleichgewichtslinie auf 3500 m ü. M. steigen. Trotzdem gibt es an dieser Stelle eine gute Nachricht: Der Morteratschgletscher hat

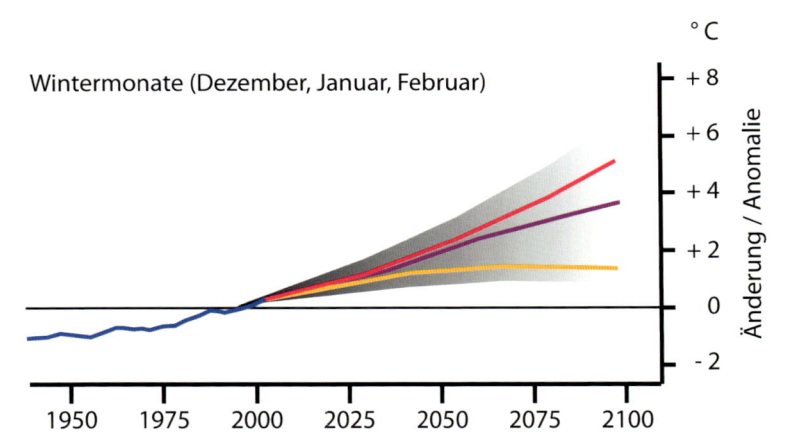

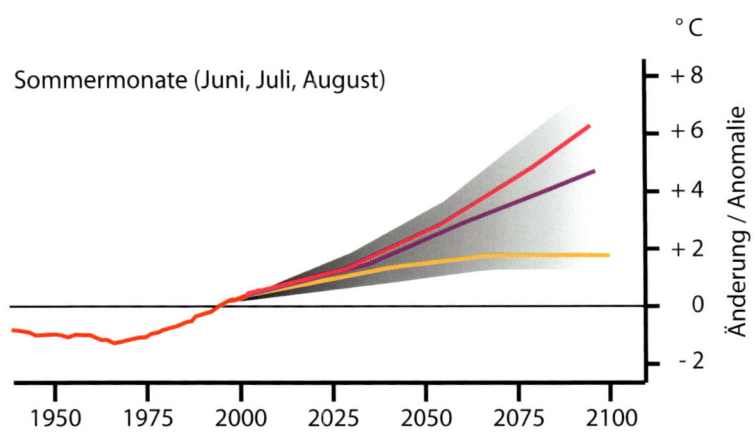

▼ Die Gleichgewichtslinie lag in den Sommern 2005, 2007, 2012 und 2017 (von links nach rechts) auf dem Tschiervagletscher auf gut 3100 m ü. M.

oberhalb von 3500 Metern noch eine relativ grosse Fläche, sodass er nicht verschwinden und sogar weniger Fläche verlieren wird als der durchschnittliche Schweizer Gletscher. Eine noch grössere Fläche oberhalb dieser Höhe verzeichnet der Altipiano di Fellaria; somit hat auch diese Gletscherfläche noch eine Zukunft nach 2100. Der Eisfluss zu seinen drei Gletschern Palü, Fellaria Orientale und Fellaria wird dann jedoch sehr bescheiden sein. Die Vedretta di Scerscen Superiore hingegen wird bis dann fast und die Vedretta di Scerscen Inferiore vollständig verschwinden. Auf den Gletschern im Berninagebiet

▾ Vielleicht präsentiert sich die Landschaft in der hinteren Val Roseg im Jahr 2100 ähnlich wie in dieser Fotomontage? Sie zeigt die gemäss Modell vorhergesagte Vergletscherung.

klettert die Gleichgewichtslinie seit 2003 immer mal wieder auf ungefähr 3100 Meter über Meer. Arbeitet man mit der Annahme, dass die Gleichgewichtslinie den Gletscher so trennt, dass mindestens die Hälfte der gesamten Gletscherfläche im Akkumulationsgebiet liegt, kann man in Gedanken die Gletscherzunge soweit abschneiden, bis dieses Verhältnis stimmt (siehe auch Kapitel 2c «Vom Klima geprägt»). Dies erlaubt eine einfache Abschätzung über die Gletschergrösse, wenn die Gletscher an diese Höhe der Gleichgewichtslinie angepasst wären, die Reaktionszeit also bereits verstrichen wäre.

Mittels eines einfachen Modells und der Annahme, dass die Temperatur gegenüber 2000 bis 2050 um 1.6 °C und bis 2100 um 3 °C ansteigen wird, wurde die Gletscherfläche simuliert. Die Reaktionszeit des Gletschers ist hierbei nicht berücksichtigt. Die Modellresultate gehen davon aus, dass bis 2100 in der Val Morteratsch und Roseg nur noch oberhalb von rund 3100 m ü. M. Gletscherflächen übrig bleiben.

▾ Im Jahr 2100 dominiert Geröll und Schutt mit einigen milchigen Seen die hintere Val Morteratsch, nur die hochgelegenen Flanken sind dann noch vereist. Grau dargestellt sind sämtliche Gletscherbereiche, die bis 2100 gemäss Modellberechnungen abgeschmolzen sind.

AKTUELLES VON DER GLETSCHERFRONT

MILCHIGES WASSER, JUNGE SEEN

Unter einem Gletscher fliesst das Schmelzwasser, unten vom Felsbett und oben vom Gletschereis umgeben, wie in einer Leitung. Je nach Geschwindigkeit transportiert es Sand, Kies und auch Steine mit sich. Durch grosse Höhenunterschiede kann sich so genügend Druck aufbauen, der das Wasser da und dort sogar ein Stück weit bergauf fliessen lässt. So räumt es Mulden aus, und die Voraussetzung für zukünftige Seen ist gegeben. In der Natur kann Schutt nur unter

▼ Unter Druck kann das Schmelzwasser am Gletscherbett aufwärts fliessen, dabei Geröll mittransportieren und so Mulden ausräumen. Ist das Eis hier weggeschmolzen, bleibt ein See zurück.

einem Gletscher bergauf transportiert werden; deshalb können auch nur Gletscher neue Seebecken bilden. Schmilzt das Eis über einer solchen Mulde weg, bleibt das Schmelzwasser zurück – ein See bildet sich. In der Berninaregion dürfen wir noch viele neue Seen erwarten; einige sind gerade am Entstehen.

Ein richtiger «Seen-Macher» ist der Palügletscher. Sein bisher jüngster See hat noch nicht mal einen Namen auf der Landeskarte, schon zeigt sich das nächste Seelein an der Gletscherzunge. Solange es noch Kontakt mit dem Gletscher hat, ist es noch nicht ausgewachsen.

Seen, die erst nach der Jahrtausendwende entstanden sind, findet man im Vorfeld folgender Gletscher: Cambrena, Fellaria Orientale, Scerscen Inferiore, Palü und Boval Dadour. Da auch sehr kleine Seen vorkommen, ist es gar nicht so einfach, den Überblick zu behalten. Es ist daher sehr wahrscheinlich, dass diese Aufzählung nicht vollständig ist.

▼ Die drei Seen des Palügletschers im August 2015: Links im Hintergrund der Lago Palü, in der Mitte der Lagh da Caralin und rechts, eine Felsstufe höher (im roten Kreis), entsteht bereits der nächste See.

▼ Die kleinen Seelein vor der Boval Dadour-Gletscherzunge haben wohl noch nicht viele Besucher gesehen (August 2017).

▼▼ Der grosse See an der Vedretta di Fellaria Orientale ist recht bekannt und vom Rifugio Bignami aus (Kreis) auch leicht zu erreichen (August 2017).

Ein sehr junger See liegt an der Vedretta di Scerscen Inferiore unterhalb des ehemaligen Rifugio Scerscen-Entova. Hier hat sich ein Teil des Gletschers abgetrennt, als ein schmales, aber steiles Felsband ausgeschmolzen ist. Da dieser See mit dem Eis noch in Kontakt ist, hat er seine volle Grösse noch nicht erreicht.

Eine flache Gletscheroberfläche verrät, wo zukünftige Seen zu erwarten sind. Davon wird es bis ins Jahr 2100 zahlreiche geben; allein in der Berninaregion werden es vermutlich über 20 sein. Wo wird wohl der nächste See erscheinen? Das Kapitel 4a «Folgen der Gletscherschmelze für Landschaft, Natur und Mensch» vermittelt dazu mehr Informationen.

▾ Noch im Jahre 2005 sah man nichts vom See an der Vedretta di Fellaria Orientale.

▾▾ Vedretta di Scerscen Inferiore 2012: Oberhalb des Felsbandes, welches den rechten Teil abgetrennt hat, haben sich drei neue Seen gebildet, wovon einer immer noch am Wachsen ist und mit dem Gletscher in Kontakt steht.

TRICHTER, LÖCHER UND HÖHLEN

Das Schmelzwasser vereint sich an heissen Sommertagen auf der Gletscheroberfläche zu einem Bach, bis es irgendwo in eine Spalte stürzt und so zum Gletscherbett hinunter gelangt. Das Schmelzwasser bringt viel Wärme in und vor allem unter den Gletscher, wo es sich einen Tunnel ins Eis frisst. Dieser steht im Winter, wenn kein Schmelzwasser mehr fliesst, praktisch leer. Endet dieser Tunnel im Gletschertor, ist eine gut zugängliche Gletscherhöhle entstanden.

▼ Die kreisrunden Gletscherspalten auf dem Morteratschgletscher sind ein deutlicher Hinweis auf einen Hohlraum im Gletscher (August 2006).

Diese blau schillernde, eisige Unterwelt kann bei negativen Temperaturen betreten und erkundet werden. Meistens bewegt man sich dabei auf dem blanken Eis des gefrorenen Schmelzwasserbachs; daher sind Steigeisen zu empfehlen. Besonders prädestiniert für die Höhlenbildung sind Gletscher mit einer stark negativen Massenbilanz. In den meisten Fällen verrät die Gletscheroberfläche das Vorhandensein einer Höhle. Von unten nicht mehr abgestützt, senkt sich die Decke langsam etwas ab. Dies führt zu Spannungen im Eis, bis sich Spalten öffnen. Im Extremfall stürzt sogar ein Stück der Decke ein, und ein mehr oder weniger rundes Loch klafft auf dem Gletscher. Dieses ist von weither sichtbar und verrät unverkennbar die Existenz einer Gletscherhöhle.

In den vergangenen Jahren haben sich beim Morteratsch- und Roseggletscher gleich mehrere Eishöhlen gebildet.

Bereits im Sommer 2006 tauchten auf dem Morteratschgletscher kreisrunde Spalten unweit der Gletscherzunge auf. Im darauffolgenden Sommer staute sich im Zentrum dieser Spalten sogar ein kleiner See. An Sonnentagen erwärmte sich das Wasser darin. Es schmolz sich einen schmalen Kanal ins Eis und floss ins Innere des Gletschers ab. Da Wasser nicht bei null, sondern bei vier Grad Celsius am schwersten ist, befindet sich meist viergrädiges und somit relativ warmes Wasser zuunterst und somit in direktem Kontakt mit dem Eis.

Im Januar 2009 entdeckten Bergführer eine riesige Höhle im Morteratschgletscher, nachdem sie sich in genau dieses Abflussloch abseilten. Sie fanden sich in einem riesigen Hohlraum wieder, dessen Grösse vergleich-

▼ Der Zustieg in die Höhle im Morteratschgletscher im Januar 2009 erfolgte durch den einstigen See-Abfluss.

▼▼ Die Decke der mittleren Halle (Kreis) ist eingestürzt (August 2009).

bar war mit einer Turnhalle. Durch schmale Gänge erschlossen sich unter- und oberhalb dieser Halle zwei weitere, ähnlich grosse Räume. In die obere Halle fiel kein Licht; sie lag in völliger Dunkelheit.

Im folgenden Sommer frass sich das relativ warme Schmelzwasser weiter ins Gletschereis und durch die Höhle. Auch warme Luft drang hinein. Schliesslich stürzte die Decke der mittleren Halle ein.

Dies hatte den Vorteil, dass man im darauffolgenden Winter, ohne sich abseilen zu müssen, einfach in die Höhle hineinspazieren konnte. Entlang der unteren Höhle gelangte man, dem gefrorenen Schmelzwasserbach folgend, zum Gletschertor und wieder ans Tageslicht.
Der obere Raum jedoch hüllte sich nach wie vor in Dunkelheit, nirgendwo liess ein Loch Licht hinein. Die zahlreichen Besucher brachten warme und feuchte Luft mit, die mangels Öffnung nicht nach oben entweichen konnte und sich an der Decke staute, wo Rauhreifkristalle von mehreren Zentimetern Grösse wuchsen.

Doch die warme Luft schwächte die Stabilität der Decke, die ungünstigerweise teilweise aus freihängenden Eislamellen bestand. Als ein Stück der Decke einstürzte, nahm der wachsende Besucherstrom ein jähes Ende. Trotz ihrer Schönheit und Faszination bleiben Eishöhlen immer unberechenbar und haben leider auch eine sehr kurze Lebensdauer. Im Sommer 2011 schmolz der untere Raum komplett weg und auch der obere Raum stürzte ein, sodass die vergängliche Eishöhle bereits wieder Geschichte war.

Doch dies war nicht die einzige Höhle in der Region. Der Rosegggletscher wartete sogar mit einem ganzen Höhlensystem auf, bestehend aus mehreren Gängen. Auffällige Löcher auf der Oberfläche im Sommer 2008, die an riesige Kaffeetrichter erinnerten, liessen die Vermutung aufkommen, es könnten sich darunter mehrere, miteinander verzweigte Gänge befinden.
Und tatsächlich: Wer sich mit Steigeisen und Taschenlampe ausgerüstet durch das Gletschertor ins Innere wagte, traf ein weitläufiges, verzweigtes Höhlensystem an. Mal hohe und breite, mal niedrige und schmale Gänge führten von einem Loch zum anderen. Jedes Loch schickte Licht ins Innere und brachte die Eiswände zum Glitzern und Funkeln, sodass man sich unvermittelt im Festsaal eines Märchenpalastes wiederfand.

Die Öffnungen sorgten auch für einen ständigen Luftzug, sodass sich nie warme Luft aufstauen konnte wie in der Morteratsch-

▼ Bereits im Juni 2011 öffnete sich ein kleines Loch über dem oberen Raum der Morteratsch-Höhle.

▼▼ im August desselben Jahres war die Höhle komplett eingestürzt.

höhle. Leider war auch die Existenz dieser Eishöhle von kurzer Dauer. Der untere Teil stürzte im Sommer 2010 ein und schmolz weg. Doch das Schmelzwasser frass jeden Sommer eine neue Höhle in den Gletscher, sodass sich im Eis bis 2017 immer wieder neue Gänge öffneten.

▼ Deutlich sind die grossen Löcher (Kreis) auf der Oberfläche des Roseggletschers zu erkennen (August 2008).

▼ Im eisigen Festsaal
der Gletscherhöhle Roseg
(Januar 2009).

▼▼ Die Höhle ist während
des Sommers 2010 einge-
stürzt und weggeschmol-
zen (Oktober 2010).

▾ Wieder hat sich ein Loch geöffnet (Kreis); darunter wartet eine weitere Eis-höhle, entdeckt zu werden (Oktober 2014).

▾▾ Auch diese Höhle (Kreis) ist kurz vor dem Ausschmelzen, doch sie entwickelt sich weiter nach hinten (Juli 2015).

TRENNUNG IN STEILSTUFEN, EISLAWINEN

Wo ein Gletscher steil ist, ist als Folge der Fliessdynamik seine Eismächtigkeit gering; und je geringer die Eismächtigkeit ist, desto grösser ist die Gefahr, dass das Eis an dieser Stelle aufreisst und der darunterliegende Fels zum Vorschein kommt. Hat sich erst einmal ein solches Felsfenster geöffnet, beginnt eine für den Gletscher fatale Rückkopplung: Der Fels erwärmt sich in der Sonne und lässt das Eis um ihn herum noch schneller schmelzen. Noch mehr Fels kann sich jetzt erwärmen; der Prozess verstärkt sich immer mehr. Dies geht irgendwann soweit, bis sich der Gletscher über seine ganze Breite durchtrennt und so den Kontakt zu seiner Zunge verliert.

Solche Trennungen in Steilstufen sind mit dem beschleunigten Schmelzen der Gletscher immer häufiger zu beobachten.
Der Rosegggletscher zählt zu diesen «Trennungs-Opfern». Er überwand auf der Höhe der Coazhütte des SAC eine steile Felswand.

▼ Die Trennung des Rosegggletschers (von links nach rechts: 2009, 2010, 2012).

Entsprechend war das Eis hier dünn, und von beiden Seiten her führte der warme Fels zu verstärkter Schmelze. Die Eisverbindung wurde von Jahr zu Jahr dünner, bis es schliesslich im Jahre 2010 zur Trennung kam.

Das abgetrennte Eis unterhalb der Steilstufe, das sich immerhin noch über eine Distanz von einem Kilometer erstreckt, zählt nun nicht mehr zum Gletscher. Es wird Toteis genannt, denn ohne Verbindung zum Nährgebiet findet kein Zufluss von neuem Eis mehr statt, und es ist nur noch eine Frage der Zeit, bis das Toteis komplett wegge-schmolzen ist. Dass dies trotzdem relativ langsam geht, ist auf die starke Schuttbedeckung zurückzuführen. Sie schützt das Eis vor der Sonneneinstrahlung.

Der Gletscher oberhalb der Trennung fliesst langsam aber stetig auf die Felsstufe zu, wo er von unten nicht mehr abgestützt ist, irgend-wann über dem Abgrund abbricht und häppchenweise als Eislawine hinunterdonnert. Diese Eislawinen wiederholen sich alle paar Jahre, sobald der Gletscher wieder weit genug zur Felsstufe vorgestossen ist.

▼ Nach der Trennung in der Steilstufe des Roseg-gletschers bleibt ungefähr 1 km Toteis zurück (August 2012).

Für die Vedretta di Fellaria Orientale ist die Trennung nichts Neues mehr. Bereits im Jahr 1994 begann diese über einer senkrechten Felswand von bis zu 140 Metern Höhe, bis der Gletscher seine Zunge im Jahre 2006 endgültig verlor. Doch damit nicht genug: Unter dem abgetrennten Toteis befindet sich eine Mulde; seit 2006 wächst hier ein See. Dahinter, über der Felswand, schiebt nun der Gletscher langsam aber stetig seine Eisfront auf den Abgrund zu. Immer wieder brechen Eislawinen ab und bleiben unten auf dem Toteis liegen. So erhält dieses doch immer wieder neues Eis und kann eine Art Nähr-gebiet bilden. Fast kann man sagen, es hat hier kein Toteis, das vor sich hin schmilzt, sondern es hat sich ein zweiter, unterer Gletscher entwickelt, für dessen Eisnach-schub die Abbrüche sorgen.

Auch dass der Persgletscher den Kontakt zum Morteratschgletscher im Jahre 2016 verloren hat, liegt an einer Felsstufe, die sich unmittelbar vor der Einmündung in den Morteratschgletscher befindet. Bereits im Jahre 2002 bildete sich eine Lücke auf der orographisch rechten Seite. Schmelz-wasser stürzte über den blanken Fels und verschwand wieder unter dem mächtigen Eisstrom des Morteratschgletschers. Auch hier erwärmte sich der Fels in der Sonne und beschleunigte das Schmelzen des Persglet-schers. Jahr für Jahr wuchs das Felsfenster, bis es im Sommer 2016 die ganze Breite einnahm. Vorbei sind die Zeiten, als sich der Persgletscher mit dem Eisstrom des Morte-ratsch vereinte.

▾ Über der ausgeaperten Steilstufe des Rosegglet-schers (rechts im Bild ist die Trennung noch nicht komplett erfolgt) hat sich im Spätsommer 2007 eine Eislawine in mehreren Schüben ereignet.

▾▾ Die Felswand führte zur Trennung der Vedretta di Fellaria Orientale. Ständige Eislawinen bewirken auf dem vermeintlichen Toteis ein kleines Nährgebiet (August 2017).

Die Vedretta di Scerscen Inferiore hat ihren orographisch rechten Eislappen auch wegen eines Felsbandes verloren. Die Gletscherzunge war in diesem Fall für einmal nicht betroffen.

Wo stehen die nächsten Trennungen an? Steile, von Spalten chaotisch zerrissene Gletscheroberflächen verraten die darunterliegenden Felsstufen. Als Beispiel sei hier der Tschiervagletscher erwähnt, der genau so eine steile, von Spalten chaotisch zerrissene Oberfläche aufweist.

▼ Die Trennung des Persgletschers vom Morteratschgletscher hat sich schon viele Jahre vorher angekündigt (Von links nach rechts: 2003, 2011 und 2017).

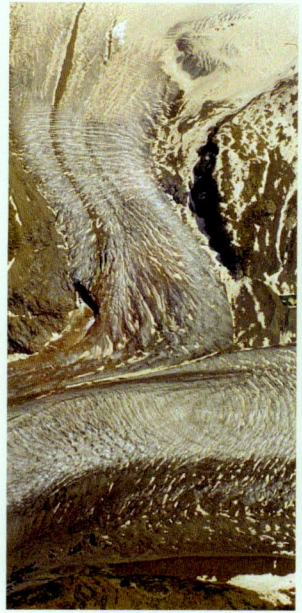

▼ Bereits im Jahre 2012 hat sich der orographisch rechte Lappen (Kreis) deutlich abgetrennt. Es ist zu erwarten, dass sich der Scerscen Inferiore entlang den roten Linien noch weiter auftrennen wird (Oktober 2012).

▼▼ Die zerrissene Oberfläche des Tschiervagletschers verrät eine Steilstufe im Gletscherbett; vielleicht trennt sich hier in Zukunft die Zunge vom oberen Gletscherteil ab (August 2017).

3c WASSERSPENDE DER GLETSCHER

GLETSCHERSCHMELZE UND ABFLUSSMENGE

Das Wasser in unseren Flüssen kommt hauptsächlich vom Regen, von der Schnee- und natürlich von der Gletscherschmelze. Die Abflussmenge eines Flusses unterliegt während eines Jahres grossen

▼ Das Einzugsgebiet der Ova Chamuera (oben) ist nicht vergletschert, dagegen prägen Gletscher das Einzugsgebiet der Ova da Roseg (unten).

saisonalen Schwankungen. Mit einsetzender Schneeschmelze im Mai und Juni beginnt der Abfluss zu steigen. Das Gletscherschmelzwasser kommt erst nach der Schneeschmelze im Hochsommer in den Abfluss. In Tälern, in denen ein grosser Teil vergletschert ist, bewirkt das Gletscherschmelzwasser in den Monaten Juli und August den höchsten Abfluss des Jahres. Im Herbst nimmt der Abfluss jeweils stark ab, um im Winter seinen tiefsten Stand zu erreichen.
Wo es wenig oder kaum vergletscherte Flächen gibt, erreicht die Abflussmenge ihren Spitzenwert deutlich früher im Jahr, wenn die Schneeschmelze in den Monaten Mai und Juni ihren Höhepunkt erreicht, und die Abflussspitze ist niedriger. Während der Monate Juli, August und September weisen die Bäche ohne Gletscherschmelzwasser einen deutlich tieferen Wasserstand auf.

Das Schneeschmelzwasser macht dabei im Oberengadin mit 50 bis 70 % den grössten Teil des Abflusses aus. Das Gletscherschmelzwasser trägt nur in den stark vergletscherten Tälern um die Berninagruppe mehr als 10 % zur jährlichen Abflussmenge bei.

▼ Die Abflussdiagramme zeigen deutlich, wie die Ova da Roseg, vom Gletscherschmelzwasser geprägt, erst im Hochsommer die Abflussspitze erreicht. Dagegen zeigt die Ova Chamuera früher im Jahr eine tiefere Spitze, die von der Schneeschmelze geprägt ist.

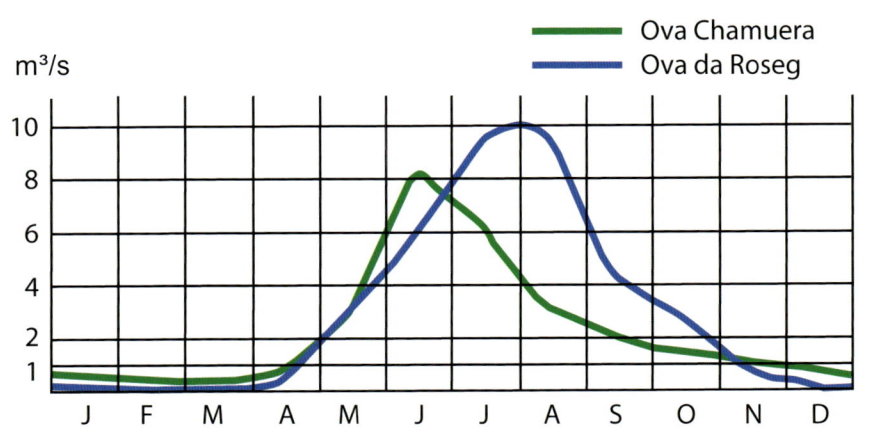

Mit der Klimaveränderung werden sich auch die gewohnten Abflussmuster verändern. Zwar wird die jährliche Abflussmenge mehr oder weniger gleich bleiben und in stark vergletscherten Gebieten vorübergehend sogar zunehmen, aber die saisonalen Abflussmengen werden sich verschieben. Im Winter wird mehr, im Sommer hingegen weniger Wasser erwartet. Daran ist die Erwärmung schuld. Sie führt zu einem Anstieg der Schneefallgrenze und damit zu mehr Niederschlag in Form von Regen; zudem wird die Schneeschmelze früher im Jahr einsetzen. Dazu kommt noch, dass die Klimamodelle ein verändertes Niederschlagsmuster prognostizieren. Im Winter wird mehr, im Sommer weniger Niederschlag erwartet als heute. So gelangt in den Wintermonaten künftig mehr Wasser in den Abfluss, das früher erst im Frühsommer angefallen wäre. Nur in hohen Lagen, die deutlich über der Schneegrenze liegen, zeigt sich ein anderes Bild. Mit der Niederschlagszunahme im Winter wird sich hier eine mächtigere Schneedecke aufbauen, deren Schmelzwasser erst im Frühling abfliesst. Es handelt sich jedoch um kleine Flächen.

Wo die Gletscher wegschmelzen, nehmen die Abflüsse im Hoch- und Spätsommer langfristig stark ab. Auf kurze Sicht hingegen wird der Anteil an Gletscherschmelzwasser, als Folge der verstärkten Glet-

▼ Die bisherige und prognostizierte Entwicklung des spezifischen Abflusses (Abfluss pro Flussbreite) im Einzugsgebiet der Ova da Morteratsch. Ab 2050 wird ein markanter Rückgang des Abflusses erwartet (nach Funk et al. 2011).

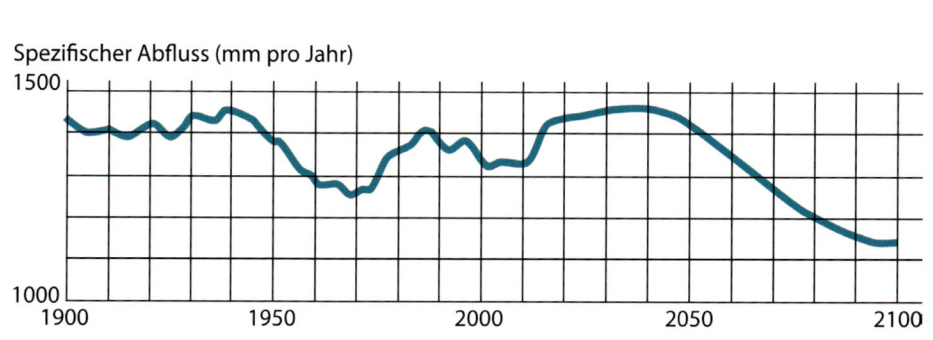

Spezifischer Abfluss (mm pro Jahr)

scherschmelze, in den kommenden Jahren vorerst sogar noch zunehmen und damit auch die Abflussspitze sowie die gesamte jährliche
Abflussmenge.

Dies wird beispielsweise in der Val Morteratsch oder beim Torrente
Lanterna in der Valmalenco der Fall sein. Insbesondere in heissen,
trockenen Sommern steht mehr Wasser in unseren Flüssen zur Verfügung, was vorübergehend hilft, den zusätzlich benötigten Wasser-
verbrauch, beispielsweise für die Bewässerung in der Landwirtschaft,
zu decken.

Anders sieht es aber dort aus, wo die Gletscher schon heute nur noch
klein sind und demnächst ganz wegschmelzen. Hier wird im Sommer
das Gletscherschmelzwasser ausbleiben, und der sommerliche Abfluss
wird dadurch viel geringer ausfallen. Die Schneeschmelze dürfte nun
für die jährliche Abflussspitze sorgen, dies aber bereits im Frühling
bis Frühsommer, und es werden wohl nicht die gleichen Abflusswerte
wie mit Gletscherschmelze erreicht. Besonders in einem heissen, trockenen Sommer wird die Abflussmenge sehr gering sein. Dies könnte
Engpässe bei der Wassernutzung hervorrufen, weil genau dann auch
die Landwirtschaft auf zusätzliche Bewässerung angewiesen ist.

▼ Das Abflussdiagramm
der Ova da Roseg von 1955
bis 2003 sowie das Szena-
rio für den Zeitraum von
2070 bis 2099
(nach Lanz, 2016).

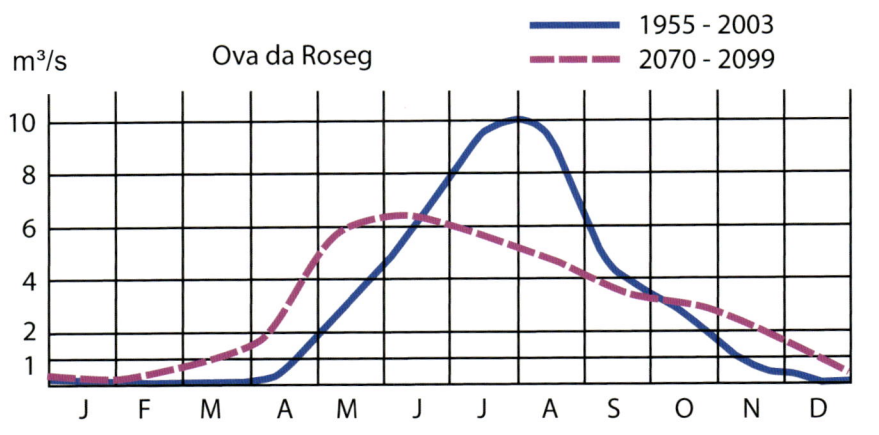

Spätestens ab 2080 rechnet man in allen alpinen Flüssen mit einer starken Abnahme des Gletscherschmelzwassers und somit des hochsommerlichen Abflusses. Dann wird die Summe der Niederschlagsmenge – Schnee und Regen – die entscheidende Rolle auf den Abfluss haben. Und die steigenden Temperaturen bestimmen, wann das Schneeschmelzwasser abfliesst und somit den jährlichen Spitzenabfluss bewirkt.

▼ Auch in einem trockenen, kalten Winter liefert diese Hangquelle am Fuss der Crasta Mora Wasser, welches zu einer grossen Eisfläche gefriert (Dezember 2016).

TRINKWASSERVERSORGUNG

Das Gletscherschmelzwasser hat, so wie es in den Bächen und Flüssen abfliesst, grundsätzlich keine Trinkwasserqualität. Da Gletschereis aus Schnee entsteht, ist sein Schmelzwasser nicht sauberer als Regenwasser, das wir auch nicht trinken. Zudem enthält Gletscherschmelzwasser oft einen hohen Anteil an Schwebstoffen wie Gesteinsmehl und Sand, was ihm die typisch milchige Färbung verleiht.

Das meiste Trinkwasser beziehen wir aus Quellen, einen kleineren Teil aus dem Grundwasser. Im Boden wird das Wasser gefiltert und erlangt so Trinkwasserqualität. Das Quellwasser stammt zu über zwei Dritteln von der Schneeschmelze. Quellen, die von Gletscherschmelzwasser gespeist werden, werden in der Berninaregion kaum zur Trinkwasserversorgung genutzt, da sie in der Regel zu abgelegen sind. Mit steigenden Temperaturen wird die Bedeutung der Schneeschmelze abnehmen, das Regenwasser dafür umso wichtiger werden.

Das Gletscherschmelzwasser fliesst zwar oberflächlich, also in Flüssen und Bächen ab, beeinflusst aber auch den Grundwasserspiegel, wenn auch nur in relativ geringem Masse. Führt ein Fluss viel Wasser, versickert ein Teil davon vom Flussbett in den Boden und gelangt so ins Grundwasser. Bei Niedrigwasser versickert kaum etwas; bei extremem Niedrigwasser kann sogar das Gegenteil der Fall sein und Grundwasser aus dem Boden in den Oberflächenabfluss gelangen. In einem heissen, trockenen Sommer führen nur noch diejenigen Flüsse viel Wasser, die ihren Ursprung in vergletscherten Tälern haben. Entsprechend ist dann in den übrigen Gebieten mit einem sinkenden Grundwasserspiegel zu rechnen.

Die Gletscher wirken also wie ein Reservoir, das genau dann am meisten Wasser liefert, wenn es auch am nötigsten gebraucht wird und wenn alle anderen Quellen am wenigsten bringen. Doch dieses Reservoir wird von Jahr zu Jahr kleiner, bis es irgendwann nicht mehr zur Verfügung steht.

WASSERKRAFTNUTZUNG

Die Wasserkraftnutzung ist weit verbreitet in der Berninaregion. Viel turbiniertes Wasser stammt aus der Gletscherschmelze. Der Palügletscher speist die mehrstufige Wasserkraftanlage in der Valposchiavo, die Fellaria-Gletscher die Stauwerke Lago di Gera und Lago di Sasso Moro in der Val Malenco, der Cambrenagletscher den Lago Bianco.

▼ Unmittelbar unterhalb der Staumauer des Lago di Gera liegt der zweite Stausee, der Lago di Sasso Moro (November 2017).

Solange der Abfluss infolge der beschleunigten Gletscherschmelze zunimmt, kann die Wasserkraftnutzung davon profitieren und ihre Produktion allenfalls steigern. Dies könnte, unterhalb der grossen Gletscher im Berninagebiet, noch bis in die zweite Hälfte dieses Jahrhunderts der Fall sein. Selbst wenn die jährliche Abflussmenge abnimmt, heisst es nicht unbedingt, dass die Kraftwerke eine Ertragseinbusse befürchten müssen. Ihnen kommt das saisonal veränderte Abflussmuster entgegen. Ein höherer Abfluss im Winter bedeutet eine grössere Stromproduktion, wenn auch der Preis auf dem Strommarkt lukrativer ist. Die Pegelstände wären Ende Winter nicht so tief wie heute. Weniger Abfluss im Sommer schmerzt nicht so stark, weil Stauseen im Sommer ohnehin eher voll sind, ein zusätzlicher Abfluss gar nicht ausgenutzt werden könnte, ein Stromüberschuss besteht und damit auch die Strompreise tiefer sind.

Doch in stark vergletscherten Einzugsgebieten wird der jährliche Abfluss langfristig stark abnehmen, wenn der grösste Teil des Eises einmal geschmolzen ist. Dann sind auch Ertragseinbussen zu erwarten. Die Situation kann jedoch nicht verallgemeinert werden. Jede Kraftwerksanlage hat ihre spezifischen Verhältnisse, und so sind auch die Auswirkungen des veränderten Abflusses verschieden. Da das schmelzende Eis grosse Flächen an losem Geröll und Schutt freilegen wird, gelangt in Zukunft auch mehr Geschiebe in den Abfluss und damit in die Stauseen und Kraftwerksanlagen. Dies wird höhere Unterhaltskosten auslösen.

Mit den vielen neuen Seen, welche die schmelzenden Gletscher zurücklassen, bieten sich unter Umständen neue Möglichkeiten für die Stromproduktion, da sie in hohen Lagen entstehen. Doch der technische Aufwand und der wirtschaftliche Nutzen müssen sorgfältig gegen die ökologische Situation und den landschaftsprägenden Eingriff abgewogen werden.

3d DAS GLETSCHERVORFELD: JUNGES, DYNAMISCHES LAND

FORMEN UND PROZESSE

Alles, was seit dem Gletscher-Hochstand der Kleinen Eiszeit um 1850 eisfrei geworden ist, bezeichnet man als Gletschervorfeld. Oft ist dieses von mächtigen Ufermoränen deutlich umrahmt. Lose aufgeschichtet bestehen diese aus unsortiertem Geröll, Kies und Sand.

Auf den ersten Blick wirken viele Vorfelder wie eine öde Steinwüste. Doch dieser Eindruck täuscht! Als junges Land verändert es sich

▼ Vielfältiges Gletschervorfeld: vom Schmelzwasserbach zerschnittene Moränenwälle, loses Geröll, rundgeschliffene Felsbuckel, kleine Seen, Schwemmebenen sowie Erosionsrinnen prägen die junge Landschaft wie hier in der Valle di Scerscen (Oktober 2017).

ständig. Das Gletschervorfeld ist eine Landschaft, die noch nicht fertig ist. Immer ist etwas in Bewegung, das ganze Gebiet sozusagen eine Baustelle der Naturkräfte. Erosion, Transport und Ablagerung, angetrieben durch die Schwerkraft und das Wasser, formen und gestalten stetig, für einmal ohne menschliche Pläne und ohne menschliches Eingreifen.

Kurz vor der heutigen Gletscherzunge ist das Land am jüngsten. Es dominiert loses Geröll, bestehend aus grossen und kleinen, runden und kantigen Steinen von Gesteinsmehl bis zu autogrossen Felsbrocken, die manchmal ein Schuttfeld bilden oder lose auf glattgeschliffenen Felsbuckeln liegen. Ein ungestümer Schmelzwasserbach, der sich noch nicht für den definitiven Verlauf seines Bachbetts entscheiden konnte, sucht sich seinen Weg.

Jeder Gletscher hat sein individuelles Vorfeld, und die meisten sind bis heute vom Menschen kaum beeinflusst. Viele kleine, hochgelegene Gletscher und ihre Vorfelder liegen fernab von den Wanderwegen.

Nicht in allen Gletschervorfeldern liegt viel Schutt. Üblicherweise umgeben Bergflanken mit ihren Felswänden diejenigen Gletscher, welche schuttreiche Vorfelder mit deutlich ausgeprägten Moränenwällen haben. Steinschlag aus den umliegenden Felswänden sorgt für den hohen Schuttanteil im Gletscher und schlussendlich auch im Gletschervorfeld. Doch manchmal reicht der Gletscher bis zum höchsten Grat oder überfliesst einen Pass. Dann besteht das Gletscherbett aus anstehendem Fels, und auch im Gletschervorfeld dominieren blanke Felsplatten die

▼ Das junge Gletschervorfeld ist eine Landschaft, die noch nicht fertig ist. Der Gletscher hat seine Spuren hinterlassen; jetzt formt das Wasser weiter (August 2013).

▼▼ Die Vedretta di Scerscen Inferiore zieht sich immer weiter zurück, ihr Vorfeld wächst. Hier hat der Mensch noch kaum Spuren hinterlassen (Oktober 2012).

Landschaft. Im Berninagebiet sind felsgeprägte Gletschervorfelder in der Minderheit, man findet sie beim Vadrettin Misaun hoch oben in der Val Roseg, bei der Vedretta di Scerscen Inferiore oder beim Fortezzagletscher auf der Isla Persa.

Typische Beispiele für Sediment-Vorfelder mit deutlichen Seitenmoränen sind Morteratsch-, Tschierva-, Roseg- und Persgletscher. Kleine Gletscher verstecken sich oft in einem sogenannten Kar, einer Einbuchtung, die von der Form her an einen überdimensionierten Polstersessel erinnert, und sind vom Tal aus kaum sichtbar.

▼ Felsbuckel dominieren das Gletschervorfeld bei der Vedretta di Scerscen Inferiore (Oktober 2017).

▼ Im Vorfeld des Tschier-
vagletschers dominieren
Schutt, Geröll und die
mächtigen Moränenwälle
(Mai 2017).

▼▼ Der Rosatschgletscher
liegt in einem typischen
Kar (Juli 2015).

▼ Vor dem Morteratsch-
gletscher hat sich eine
Schwemmebene gebildet
(Herbst 2010).

Heute ist das Wasser zum grössten Teil für die Gestaltung der Gletschervorfelder verantwortlich. Durch die meisten tost im Sommer-
halbjahr ein angeschwollener Schmelzwasserbach. An flachen Stellen
fächert er sich in viele Seitenläufe auf und beansprucht die ganze Tal-
breite. Es bildet sich eine Schwemmebene mit Kies- und Sandbänken,
die er zwischenlagert und später vielleicht einmal weitertransportiert.

Wo es steil ist, fliesst das Wasser schnell und schneidet sich eine
tiefe, enge Rinne in den losen Schutt.

Wer die Augen offen hat, findet die Spuren
der Erosion und der Ablagerung durch das
Wasser auf Schritt und Tritt. Besonders die
steilen, seitlichen Ufermoränen sind der
Wirkungskraft des Wassers ausgeliefert. Wo
es genug schnell fliesst, nimmt es Steine und
Geröll mit und transportiert sie weg; es findet
Erosion statt. Zurück bleiben Trichter, Rinnen
und Gräben. Erreicht das Wasser den flachen
Talboden und wird dadurch abgebremst,
deponiert es infolge der geringeren Fliessgeschwindigkeit einen Teil des Materials wieder. Es entstehen kegelförmige Ablagerungen,
sogenannte Geröll- oder Schwemmfächer.

Regenwasser sowie Schmelzwasser von unter
dem Schutt verborgenen Eisresten fressen
kleine Furchen in die Moräne. Folgt eine
Furche der anderen, spricht man von Orgel-
pfeifenmoränen.

In vielen Vorfeldern hat der schmelzende
Gletscher einen oder gleich mehrere Seen
zurückgelassen. Einen grossen Teil des Ro-
seggletscher-Vorfeldes ist vom langgezogenen Lej da Vadret, auf Deutsch Gletschersee,
ausgefüllt.

▼ Vor dem Morteratsch-gletscher sind zwei Schwemmebenen durch eine kurze, steilere Strecke getrennt, wo sich der Fluss nicht verzweigt, sondern eingräbt (August 2017).

▼▼ Tiefe Erosionsspuren zerschneiden die Moräne des Rosegletschers. Bei genauem Hinsehen findet man darunter den dazugehörigen Schwemmfächer (August 2017).

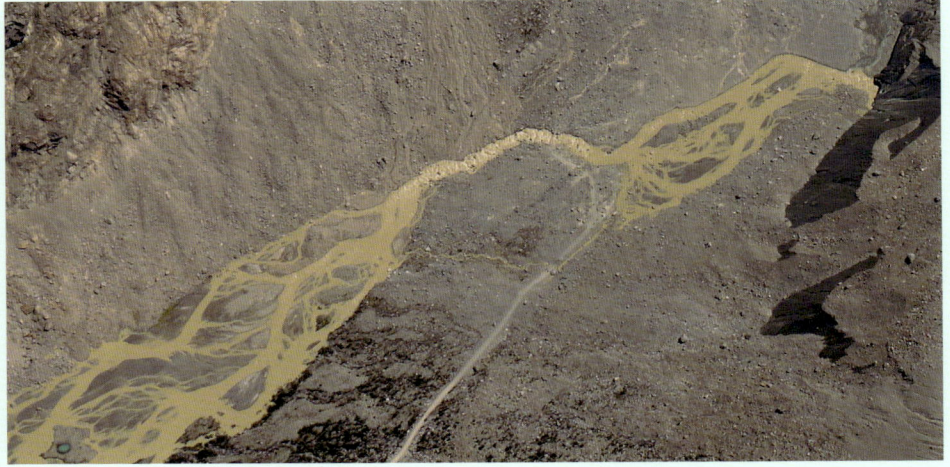

Kein Gletschervorfeld gleicht dem anderen, jedes hat seine charakteristischen Merkmale.

In vielen kleinen, hochgelegenen Gletschervorfeldern wächst noch kaum eine Pflanze.

► Nicht einen grossen, sondern viele kleine Seen hat der Gletscher südlich des Piz Varuna zurückgelassen. Sie sorgen für Abwechslung in der Geröll-landschaft (Oktober 2017).

► Im Gletschervorfeld vom Vadrettin da Misaun konnte noch keine Pflanze Wurzeln schlagen (August 2017).

PFLANZEN UND BODEN

Wandert man von der Gletscherzunge abwärts, staunt man oft, die ersten grünen Blätter bereits wenige hundert Schritte vom Eis entfernt anzutreffen. Doch die Lebensbedingungen sind hart. Im Geröll oder auf dem nackten Fels sind die täglichen Temperaturschwankungen enorm; starker Frost weicht innert weniger Stunden Temperaturen bis 40 °C. Regenwasser fliesst sofort ab oder versickert und steht kaum zur Verfügung, der Wind fegt ungebremst über den Boden und das lose Geröll ist oft instabil, rollt, rutscht und bewegt sich. Nur hochspezialisierte Pionierpflanzen haben hier eine Chance, Wurzeln zu schlagen und zu überleben. Sie haben verschiedene Strategien entwickelt, die zum Erfolg führen. Allen Pionierpflanzen im Gletschervorfeld ist aber gemein, dass sie mit sehr wenigen Nährstoffen auskommen und auch eine längere Trockenperiode gut überstehen. Dabei helfen ihnen lange Wurzeln, die tief unter dem Schutt feuchte Feinerde vorfinden. Aber wie umgehen im losen Geröll mit der ständigen Gefahr, abzurutschen oder zugeschüttet zu werden?

Die Schuttwanderer wie der Kriechende Nelkenwurz (Geum reptans) bilden lange, horizontale Triebe aus. Als Schuttüberkriecher überdeckt das Alpen-Leinkraut (Linaria alpina) mit seinen Stängeln und Blättern den losen Schutt. Der filzige Alpendost (Adenostyles leucophylla) oder der Säuerling (Oxyria digyna) durchdringen den Schutt mit ihren aufrechten Trieben und zählen so zu den Schuttstreckern. Mit dichten Polstern schützen sich die Schuttdecker wie der Moosartige Steinbrech (Saxifraga bryoides) oder die Krautweiden (Salix herbacea). Der Gletscherhahnenfuss (Ranunculus glacialis) hält mit dicken Triebbündeln die Bewegungen der Steine auf, er ist ein Schuttstauer. Das Fleischers Weidenröschen (Epilobium fleischeri) erträgt Überschüttungen meistens problemlos und zählt dank dieser Eigenschaft oft zu den Erstbesiedlern überhaupt.

Wo die ersten Pflanzen wachsen, sterben irgendwann auch die ersten Pflanzenteile ab. Diese legen die Basis für die Bodenbildung. Mit dem sich entwickelnden Boden verbessern sich auch die Lebensbedingungen. Dies ermöglicht somit weiteren, weniger spezialisierten

▼ Auf Gletschervorfelder spezialisierte Pioniere: links oben: Alpen-Lein-kraut (Linaria alpina), rechts oben: Krautweide (Salix herbacea) im Herbst, links unten: Gletscher Hahnenfuss (Ranunculus glacialis) und rechts unten das Fleischers Weidenröschen (Epilobium fleischeri).

Pflanzen, Fuss zu fassen respektive Wurzeln zu schlagen. Die verbesserten Lebensbedingungen sind aber nicht zum Vorteil aller. Die hochspezialisierten, aber lichthungrigen und konkurrenzschwachen Pionierpflanzen vermögen sich gegen andere Pflanzen nicht zu wehren und werden verdrängt. Ihnen bleibt nur eines übrig: neue, bisher noch vegetationsfreie Flächen zu besiedeln und der zurückweichenden Gletscherzunge zu folgen.

Über die nächsten Jahre kann an einem und demselben Standort eine typische Abfolge von Pflanzenarten beobachtet werden, die sich etablieren. Man nennt dies Sukzession. Nach den Pionierpflanzen folgen erste Gräser und bald schon die Weiden als erste Holzpflanzen, sofern sich der Standort unterhalb der Waldgrenze befindet. Schlussendlich wächst ein Lärchen-Arven-Wald.

▼ Noch sind es Pionierpflanzen wie Fleischers Weidenröschen (Epilobium fleischeri) und Bach-Steinbrech (Saxifraga aizoides), doch sie bilden bereits einen grossen Teppich auf dem Schutt.

Ist diese letzte Stufe der Sukzession erreicht, spricht man von der sogenannten Klimax-Vegetation. Sie ist den gegebenen Klima- und Standortverhältnissen angepasst und verändert ihre Artenzusammensetzung nicht mehr. Es sei denn, eine plötzliche Störung wie ein Murgang, ein Steinschlag oder ein Hochwasser reisst eine Lücke in die Vegetation. Dann beginnt die ganze Sukzession von vorne, diesmal aber bedeutend schneller, weil in der Umgebung viele Samenspender vorhanden sind und weil, sofern darum herum noch Vegetation steht, Temperaturschwankungen und Windverhältnisse nicht so garstig sind wie kurz vor der Gletscherzunge.

▼ Vor dem Tschiervagletscher wachsen bereits Arven und Lärchen. Der unbewachsene Schutt im Vordergrund stammt von einem Murgang, sonst wäre hier die Vegetationsdecke praktisch lückenlos (August 2012).

4 WAS BRINGT DIE ZUKUNFT IM BERNINAGEBIET?

4a FOLGEN DER GLETSCHERSCHMELZE FÜR LANDSCHAFT, NATUR UND MENSCH

FOLGEN DER GLETSCHERSCHMELZE FÜR DIE LANDSCHAFT

Was wäre die Berninaregion ohne ihre Gletscher, ohne die in der Sonne glänzenden Firnflächen, ohne ins Tal fliessende Gletscherzungen, ohne weisse Berge am Horizont? Wie würde die Berninaregion aussehen ohne Gletscher? Die Gletscher prägen und charakterisieren eine Landschaft.

Schmelzen die Gletscher, verändert sich der Charakter der Bernina-region. Wo einst Gletschereis in der Sonne funkelte, beherrschen in Zukunft karge Fels- und Geröllflächen das Landschaftsbild.

Die Landschaft wird künftig weniger vielfältig und abwechslungsreich sein. Zwar wird sich die Vegetation besonders in den tiefliegenden Gletschervorfeldern ausbreiten und langsam Farbe in die grauen Flächen bringen. Doch mit dem Tempo der schmelzenden Gletscher kann die nachrückende Vegetation nicht Schritt halten. Dies bewirkt, dass in Zukunft mehr lose Geröllfelder, offene Schuttflächen und auch blanke Felswände vorkommen werden, auf denen kaum oder nur spärlich Pflanzen wachsen. Heisst das, dass wir uns auf eine eintönige und langweilige Landschaft einstellen müssen? Nein, so einfach ist es nicht. Jedenfalls wird die neue Landschaft mehr in Bewegung sein.

▼ Noch leuchten die Gipfel der Berninaregion weiss. Doch wie sieht die Zukunft aus?

Die neuen Geröll- und Schuttflächen sind instabil: Sie haben sich noch nicht gesetzt oder sind sehr steil. Im losen Geröll der Moränen können sich leicht Murgänge ereignen, die einen Graben hinterlassen, die aufkommende Vegetation zerstören und mit ihrer Ablagerung vielleicht sogar einen Bach aufstauen oder zum Ausweichen zwingen. Felswände stehen ohne den Druck des Gletschereises da; Fels- oder sogar Bergstürze können die Folge sein. Die Schmelzwasserbäche haben ihr definitives Abflussgerinne noch nicht gefunden. Bei einem Hochwasser sucht sich der Bach vielleicht einen ganz neuen Weg, den er sich mühelos ins unverfestigte Geröll gräbt.

Die junge Landschaft ist noch nicht fertig und hat noch viele Veränderungen vor sich.

In vielen Gletschervorfeldern werden sich in Zukunft Seen anstelle des Gletschereises breit machen (siehe auch Kapitel 3b, «Aktuelles von der Gletscherfront»). Auch wenn viele dieser künftigen Seen relativ klein sein werden, werden sie trotzdem die zukünftige Landschaft in der Berninaregion mitprägen. Sie werden unmittelbar an der Gletscherzunge erscheinen. So stehen sie anfangs noch in direktem Kontakt mit dem Gletscher und wachsen in demselben Tempo, wie dieser zurückschmilzt. Wo überall neue Seen zu erwarten sind, lässt sich bereits heute anhand der Topographie der Gletscheroberfläche abschätzen. Eine flache, spaltenfreie Oberfläche oberhalb einer steilen Zone mit Spalten lässt eine Mulde im Gletscherbett und somit die künftige Lage eines Sees vermuten.

Ein relativ grosser See wird sich vermutlich einst in der Val Morteratsch unterhalb der Bovalhütte bilden und sich bis an den Fuss

▼ Vermutete zukünftige Seen in der Val Morteratsch (oben) und beim Tschiervagletscher (unten).

des Labyrinths ausbreiten. Die Diavolezza wird Bergpanorama mit Seeblick im Angebot haben: Ein kleiner See liegt dann möglicherweise direkt unterhalb der Aussichtsplattform, ein grösserer unterhalb des Piz Palü. Der Tschiervagletscher wird wahrscheinlich am Fusse des Piz Roseg einen sehr hoch gelegenen See zurücklassen.

Auf der italienischen Seite sind zahlreiche und relativ grosse Seen zu erwarten. Es werden sich sogar ganze Seenplatten bilden. Dies verraten die flachen Gletscheroberflächen, besonders bei der Vedretta di Scerscen Superiore und beim Altipiano di Fellaria. Aufgrund ihrer Höhenlage über 3'000 m ü. M. wird dies aber noch eine Weile dauern.

Neue Bergseen bereichern die Landschaft und sind sicherlich willkommene Farbtupfer, wo künftig Fels und Schutt die Landschaft dominieren werden. Doch mit den neuen, meist hochgelegenen Seen tauchen auch neue Fragen und Probleme auf. Geht von den Seen eine Gefahr aus? Nur durch Moränenwälle und somit unverfestigten Schutt gestaute Seen können ausbrechen, wie die Vergangenheit zeigte. So hatte sich der Lej da Vadret in der Val Roseg in den 1940er Jahren hinter der Moräne des Tschiervagletschers aufgestaut und brach im Jahr 1954 aus. Dabei erodierte das Wasser eine tiefe Schneise in die Moräne und verursachte bis Samedan hinunter Überschwemmungen.

◄ Vermutete zukünftige Seen bei der Vedretta di Scerscen Superiore (oben), Fellaria Orientale und beim Altipiano di Fellaria (unten).

▼ Deutlich ist die Schneise sichtbar, die der Ausfluss vom Lej da Vadret in die Moräne des Tschiervagletschers erodiert hat.

Felsstürze oder Eislawinen, die in einen Bergsee stürzen, können diesen zum Überschwappen bringen. Besonders gefährdet für dieses Szenario sind Seen direkt am Fuss steiler Bergflanken, wie dies unterhalb des Piz Palü oder des Piz Roseg der Fall sein wird. Wenn der See oder auch nur ein Teil davon ausläuft, kann sich im Gletschervorfeld, wo meistens viel lockeres Geröll vorhanden ist, ein Murgang bilden. Die Prozesskombination Felssturz – Murgang kann, bei genügendem Wasseranteil, weitreichende Folgen haben.

Je weiter hinauf die Gletscherzungen zurückschmelzen, desto höher werden die zukünftigen Seen zu liegen kommen. Dies macht sie potenziell interessant für die Wasserkraftnutzung. Zukünftige Generationen stehen hier vor grossen Entscheidungen und werden Naturschutz und Landschaftsbild gegen Stromgewinnung abwägen müssen.

▼ Eine Eislawine hat sich aus einem Hängegletscher am Piz Roseg gelöst; die Trümmer liegen nun auf dem Tschiervagletscher an genau der Stelle, wo sich zukünftig ein See bilden könnte (Juli 2015).

FOLGEN DER GLETSCHERSCHMELZE FÜR DIE NATUR

Verschwinden die Gletscher, verschwindet auch ein wichtiges Wasserreservoir. Dies wird die Abflussverhältnisse unserer Bäche und Flüsse verändern. Heute bringen die Gletscher bei heissem, trockenem Wetter so viel Schmelzwasser, dass der Abfluss im Hochsommer am höchsten ist. Fällt dieses Gletscher-Schmelzwasser weg, hängt der Wasserstand der Flüsse von den Regenmengen und dem Anteil der Schneeschmelze ab. Die jährliche Abflussspitze wird sich also in den Frühling verschieben und wird nicht mehr so hoch sein. Über das ganze Jahr gesehen rechnet man mehr oder weniger mit derselben Abflussmenge, aber mit einer anderen Verteilung. Im Sommer und Herbst wird weniger Wasser abfliessen, dafür mehr im Winter und im Frühling (siehe auch Kapitel 3c «Wasserspende der Gletscher»).

Mit weniger Wasser im Sommer und Herbst bei gleichzeitig wärmeren Temperaturen werden auch die Temperaturen unserer Gewässer steigen. Einige Tierarten sind aber auf kühles Wasser angewiesen. Die Äsche beispielsweise reagiert empfindlich auf eine Erwärmung, und ihre Anfälligkeit für Pilzerkrankungen wird steigen.

Wo Gletschereis schmilzt, entsteht aber auch neuer Lebensraum. Oft vergeht kaum ein Jahr, bis sich die ersten grünen Blätter zwischen den Steinen hervorkämpfen, doch es dauert Jahrzehnte, bis sich eine geschlossene Vegetationsdecke oder gar ein Wald entwickeln kann (siehe auch Kapitel 3d «Das Gletschervorfeld: junges, dynamisches Land»).

▼ Noch ist kein Jahr vergangen, seit hier das Gletschereis schmolz, schon regt sich das erste Leben zwischen den Steinen.

FOLGEN DER GLETSCHERSCHMELZE FÜR DEN MENSCHEN

Die Wasserkraft leistet in der Schweiz einen bedeutenden Beitrag zur Stromproduktion. Die Energiekonzerne, welche die Stauseen betreiben, müssen sich darauf einstellen, dass in Zukunft im Sommer weniger, dafür aber im Winter mehr Wasser in die Seen fliesst. Allenfalls müssen sie ihr Betriebskonzept an die veränderten Bedingungen anpassen und die Ertragseinbussen im Sommer mit anderen Energiequellen ausgleichen. Mehr Geröll und Steine in den Flüssen, herbeigeführt durch die Zunahme an Schuttflächen, könnte die Infrastruktur der Wasserkraftwerke stärker abnützen, zusätzliche Unterhaltsmassnahmen nötig machen und die Betriebskosten erhöhen.

Ein verändertes Landschaftsbild bedeutet auch eine veränderte Landschaftsattraktivität. Diese bildet die Grundlage für den Tourismus, speziell in der Sommersaison.

Gletscher gelten für viele Menschen als ein Stück unberührte Natur. Als einzigartiges Landschaftselement dürfen sie als das Markenzeichen des Schweizer Tourismus bezeichnet werden. So finden sich auch viele Gletscher auf Postkarten, Tourismusprospekten, in der Werbung und im Hintergrund von Selfies.

Die schmelzenden Gletscher stellen die Tourismusbranche vor grosse Herausforderungen und vor die Überlegung, wie sie längerfristig und nachhaltig auf die sich verändernde Landschaftsattraktivität und das wegschmelzende Marketingelement reagieren will.

Doch damit nicht genug. Auch die vom Gletscher freigelegten Felswände und losen Schuttflächen müssen die Touristiker im Auge behalten. Wo sich Wanderwege, Seilbahnen, Brücken oder Bike-Trails im möglichen Einflussbereich von Murgängen, Steinschlag oder Felsstürzen befinden, könnten sie beschädigt und unterbrochen werden. Dies führt nicht nur zu unvorhergesehenen Reparaturkosten und temporärem Ausfall des Angebots, sondern kann auch einen langfristigen Imageschaden verursachen und teure Anpassungsmassnahmen auslösen. Wo es gefährlich ist oder die Gäste meinen, es könnte gefährlich sein, oder wo immer wieder mal ein Weg oder ein Angebot nicht nutzbar ist, da wird kaum jemand seine Ferien buchen.

Auftauender Permafrost wie auch schmelzende Gletscher beeinflussen die Infrastruktur, die auf ihnen errichtet wurde. Dies können Seilbahnmasten, Wasserleitungen für die Beschneiung oder Gebäude wie Bergstationen sein. Damit Schäden an der Infrastruktur entstehen, braucht es nicht immer spektakuläre Naturgefahrenprozesse wie Felsstürze oder Murgänge. Die langsame, stetige Eisschmelze führt

▼ Heute haben die Stauseen im Frühling üblicherweise den tiefsten Wasserstand; da machte auch der Lago Bianco im Mai 2017 keine Ausnahme. Dies könnte sich in Zukunft ändern.

zu Setzungsbewegungen und somit zu Rissbildung oder dem Abkippen und Schrägstellen von Bauten. Diese oft schleichend ablaufenden Prozesse können teure Unterhaltskosten mit sich bringen.

▼ Im Herbst 2013 konnte an der Zunge des Morteratschgletschers noch blaues Eis bestaunt werden.

4b GLETSCHERPFLEGE MORTERATSCH

Bisher konnten sämtliche politischen Anstrengungen und Klima-konferenzen nicht verhindern, dass die Temperaturen unaufhaltsam steigen. Ein ununterbrochener Gletscherrückzug scheint mindestens für die kommenden Jahrzehnte vorprogrammiert zu sein. Die Klima-veränderung zu stoppen oder wenigstens zu verlangsamen, ist eine Aufgabe, die nicht einzelne Personen oder Länder lösen können. Die-se Aufgabe muss auf globaler Ebene angepackt werden, doch daran ist die Menschheit bisher gescheitert.

▼ Bereits eine dünne Schneedecke kann das da-runterliegende Gletschereis vor der Schmelze schützen.

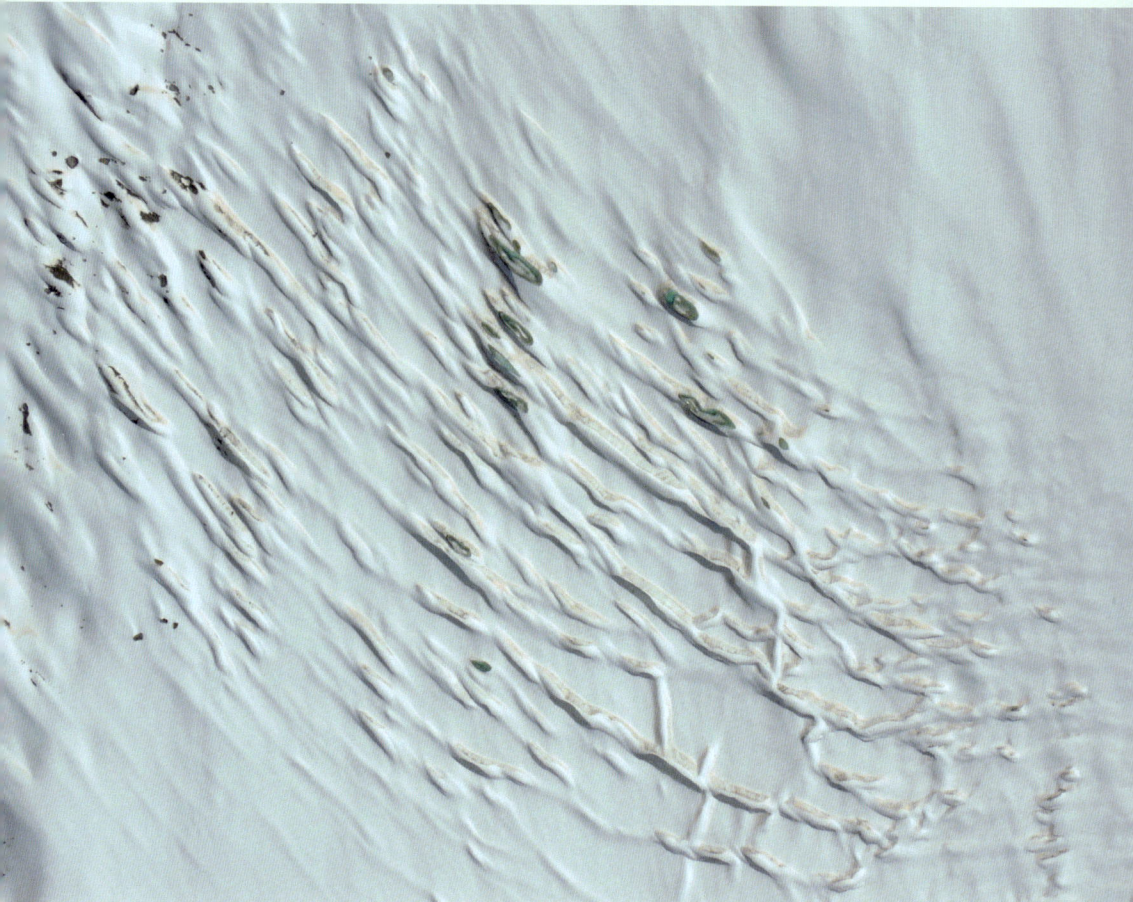

Sind wir also dazu gezwungen, einfach zuzusehen, wie die Gletscher Jahr für Jahr kürzer und dünner werden und wie ein Süsswasserspeicher für kommende Generationen Jahr für Jahr dahinschmilzt? Gibt es nicht irgendeine Möglichkeit, trotz steigender Temperaturen die Gletscherschmelze wenigstens zu verlangsamen?

An vielen Orten, so auch auf dem Diavolezzagletscherfleck, schützt eine Decke aus weissem Vlies das Gletschereis im Sommer wirksam vor der Schmelze (siehe auch Kapitel 1b «Die Bernina-Gletscher stellen sich vor»). Diese einfache Methode hat eine grosse Wirkung und funktioniert gut auf kleinen, spaltenlosen Flächen. Aber was tun bei grossen Gletschern wie dem Morteratsch, den man unmöglich mit Vlies abdecken kann?

Im Sommer stehen die Schneeerzeuger in grosser Zahl ungenutzt bei den Talstationen herum, und viel Schmelzwasser tost beim Morteratschgletscher talwärts. Könnte man damit nicht Schnee produzieren, das Schmelzwasser noch auf dem Gletscher quasi recyceln? Solche Überlegungen machte sich Dr. Felix Keller und begann, die Angelegenheit konkret durchzudenken. Rasch stand er vor der Frage, wo man am besten beschneien würde und wie gross die schneebedeckte Fläche sein müsste, um den Rückzug des Morteratschgletschers zu stoppen. Er holte sich Rat bei Prof. Dr. Hans Oerlemans von der Universität Utrecht in den Niederlanden, der seit vielen Jahren eine automatische Wetterstation auf der Gletscheroberfläche betreibt und die Reaktion des Morteratschgletschers auf Wetterkapriolen und auf das Klima so gut kennt wie kaum ein anderer. So zeigten ihm die Messresultate, dass ein Sommerschneefall, der eine geschlossene Schneedecke über das Ablationsgebiet legt, einen grossen positiven Einfluss auf die jährliche Massenbilanz des Morteratschgletschers hat. Die Eisschmelze setzt solange aus, bis der Schnee im Ablationsgebiet wieder geschmolzen ist (siehe auch Kapitel 2c «Vom Klima geprägt»).

Dank seiner Modellrechnungen kann Oerlemans konkrete Antworten geben: Es würde genügen, unterhalb des Labyrinths eine Fläche von rund 0.65 km² oder 91 Fussballfeldern zu beschneien, um den

Gletscherrückzug massiv abzubremsen. Dabei reicht bereits eine dünne Schneedecke, um die einfallende Sonnenstrahlung grösstenteils zu reflektieren und das darunterliegende Gletschereis vor dem Abschmelzen zu schützen.

Würde man ab 2018 jeden Sommer ununterbrochen die besagte Fläche von 0.65 km² schneebedeckt halten, würde man an der Gletscherzunge zuerst einmal gar nichts merken. Erst nach 2028 würde sich die Gletscherzunge jedes Jahr ein Stück weniger weit zurückziehen, bis sie sich ab 2040 kaum noch verschieben würde.

2009

2017

2040 MIT BESCHNEIUNG

2040 OHNE BESCHNEIUNG

Das Gletscherbett weist zwei Steilstufen auf, bevor dann eine grosse Vertiefung hinter der ehemaligen Einmündung des Persgletschers folgt. Über den Steilstufen ist das Eis dünn; entsprechend schnell wird sich der Gletscher dort zurückziehen. Hat er beide Stufen überwunden und den Bereich der Mulde erreicht, beginnt sich dort, unmittelbar an der Gletscherzunge, ein See zu bilden. Dies sollte verhindert werden, denn der See wäre potenziell gefährlich, da er von einem Felssturz oder einer Eislawine getroffen werden und überschwappen könnte. Zudem wird der See die Eisschmelze massiv

▾ Gelingt es, die weiss eingefärbte Fläche im Sommer schneebedeckt zu halten, würde sich die Position der Gletscher-zunge bis ins Jahr 2040 (rote Linie) kaum mehr verschieben.

ISLA PERSA SEE

beschleunigen und rasch wachsen. Wenn es erst einmal soweit ist, wird eine beschneite Fläche von 0.65 km² nichts mehr bewirken können. Nur wenn verhindert werden kann, dass die Gletscherzunge die Mulde erreicht, wird das Projekt erfolgreich sein.

Es eilt also ziemlich, doch noch warten viele und grosse Hürden technischer und finanzieller Natur. Erfreulicherweise hat die Firma Bächler Top Track AG aus Emmenbrücke in Zusammenarbeit mit dem Institut für Thermo- und Fluid-Engineering der Fachhochschule Nordwestschweiz die Schneelanze NESSy ZeroE entwickelt, die ohne elektrische Energie auskommt und nur mit dem Wasserdruck arbeitet. Falls auf dem Gletscher doch nicht genügend Schmelzwasser verfügbar ist, könnte auch Wasser aus dem See unterhalb der Isla Persa entnommen werden.

Die Finanzierung stellt eine Herkulesaufgabe dar, insbesondere deshalb, da die Sommerbeschneiung während Jahrzehnten ununterbrochen gewährleistet sein muss. Hier wird die Frage entscheiden, welchen Wert der Morteratschgletscher überhaupt hat und wie gross der Schaden wäre, würde man einfach nur zusehen, wie er wegschmilzt. Doch dieser Schaden ist nicht nur finanzieller Natur und daher schwierig abzuwägen. Nur müssen wir uns bewusst sein, dass die Folgen der Gletscherschmelze erst die künftigen Generationen zu bezahlen haben.

Wäre das Vorhaben erfolgreich, könnte es vielleicht auch in anderen Ländern angewendet werden, um dort ebenso Gletscher vor dem schnellen Abschmelzen zu bewahren, die Jahr für Jahr Tausende oder sogar Millionen von Menschen mit ihrem Schmelzwasser versorgen und ihnen damit eine lebenswichtige Grundlage liefern.

▶ Die erste Steilstufe hat die Gletscherzunge bereits freigegeben. Wichtig ist nun, dass die Beschneiung verhindern kann, dass die Gletscherzunge sich auch hinter die zweite Steilstufe zurückzieht. Beginnt sich in der Mulde dahinter erst mal ein See zu bilden, kann auch die Beschneiung den weiteren Rückzug nicht mehr aufhalten.

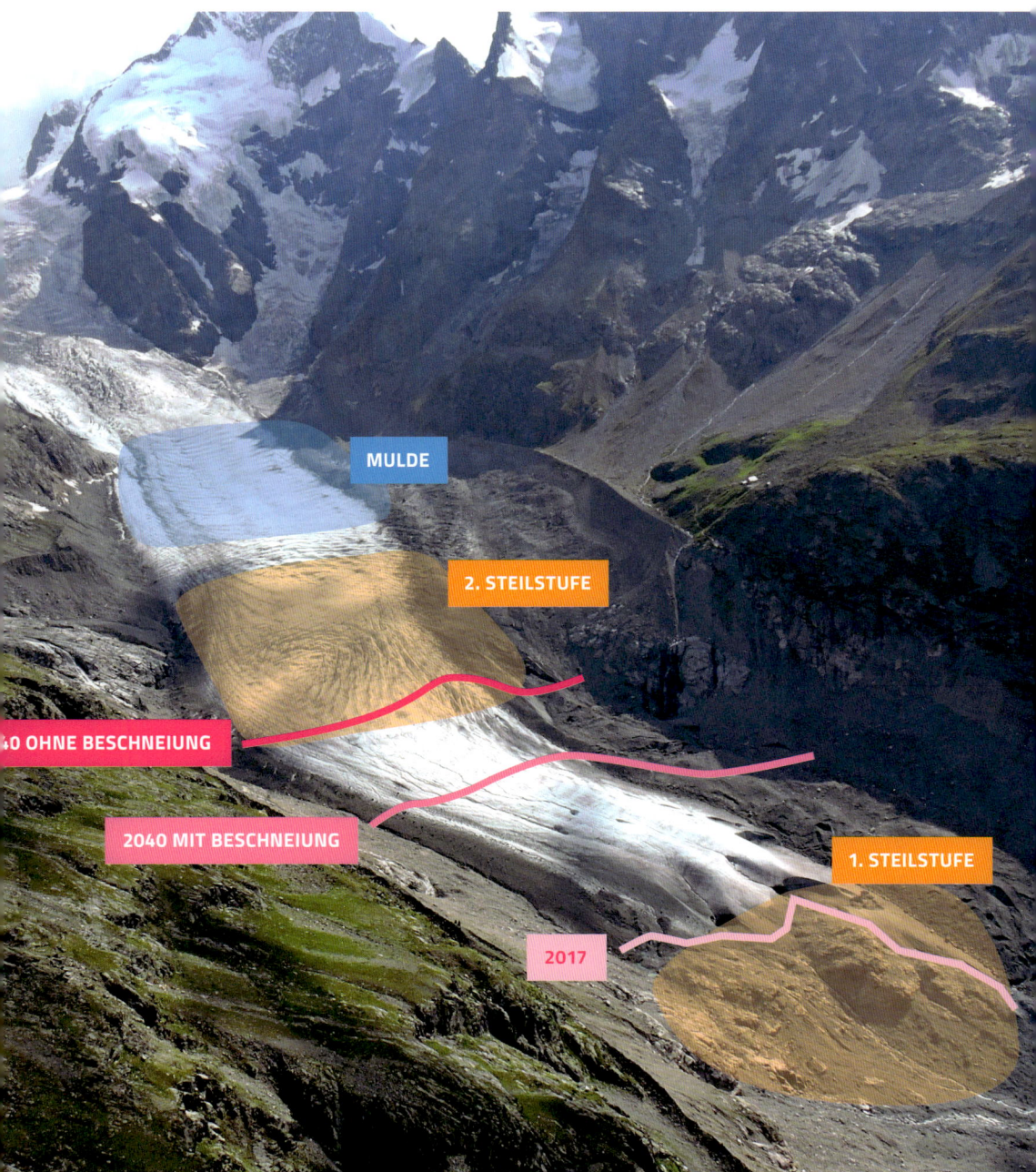

MULDE

2. STEILSTUFE

40 OHNE BESCHNEIUNG

2040 MIT BESCHNEIUNG

1. STEILSTUFE

2017

4c **GLETSCHERGARTEN**

IST DER GLETSCHER WEG, KOMMEN DIE TOURISTEN

Man hört immer wieder, dass der Tourismus das grösste Opfer der schmelzenden Gletscher sei. Ist der Gletscher weg, ist auch die Attraktion weg, lautet die Devise.

Doch es geht auch anders. Einer der grössten Touristenmagnete in der Valposchiavo konnte sich erst entwickeln, nachdem der Gletscher weggeschmolzen war. Obwohl hier kein Gletschereis mehr sichtbar ist, zieht es jeden Sommer Tausende von Besuchern nach Cavaglia. Hier bewundern sie im Gletschergarten die faszinierenden Formen, welche der Eiszeitgletscher vor Tausenden von Jahren in den harten Fels gemeisselt hat (siehe auch Kapitel 1e «Gletscherhöhlen und Gletschertöpfe» sowie 2d «Die Eiszeit und ihre Spuren»).

Mit dem Gletschergarten Cavaglia verfügt die Valposchiavo somit über ein Angebot, dessen Attraktivität und Existenz nicht von der derzeitigen Klimaveränderung gefährdet ist. Und das Potenzial ist längst nicht ausgeschöpft:
Wie viele Gletschertöpfe verbergen sich hier noch, randvoll gefüllt mit Erde, Wasser, Schlamm und Steinen? Liegen sie angeordnet auf einer Reihe, die parallel zu den bereits freigelegten Topfreihen verläuft? Wie gross und wie tief mögen sie sein? Und wie gross wäre der Aufwand, um auch diese noch freizulegen?

Darüber kursierten bisher nur Vermutungen, vielleicht auch Wunschvorstellungen. Doch damit gab sich der Vorstand des Vereins Gletschergarten Cavaglia nicht zufrieden. Die Neugierde wurde schlussendlich so gross, dass ein Forschungsprojekt ins Leben gerufen wurde. Dabei übernahm der Geologe Dr. Maurizio Azzola die Leitung, unter Mitwirkung des Rotary-Clubs Sondrio.

So startete eine Messkampagne, um mit der Methode der passiven Seismik noch verborgene Gletschertöpfe aufzuspüren. Dabei verwendete Maurizio Azzola ein Gerät namens Tromino, um die Ausbreitung und Geschwindigkeit von seismischen Wellen im Untergrund zu erfassen und auszuwerten. So erhielt der Geologe Informationen über die Beschaffenheit des Untergrunds, ob verschiedene Schichten vorhanden sind und vor allem in welcher Tiefe das Felsbett beginnt.

Gemessen wurde an insgesamt 17 Standorten, wo ein verborgener Topf vermutet wurde. Wie die Resultate zeigen, befindet sich das Felsbett in Tiefen zwischen 0.5 und 15 Metern. Es konnte also nicht überall ein Gletschertopf nachgewiesen werden, doch immerhin lag das Felsbett bei 7 Messungen tiefer als 5 Meter.

▼ Die Punkte zeigen die Messstandorte, die Zahl daneben gibt an, in welcher Tiefe das Felsbett festgestellt wurde. Gelb sind die bereits freigelegten Gletschertöpfe dargestellt (GGC, Rotary Club di Sondrio, Studio associato di geologia applicata).

Es sieht also tatsächlich danach aus, als gäbe es nochmals eine Reihe mit Gletschertöpfen, die parallel zu den beiden bekannten Reihen liegt.

Seit 2017 kommen wieder die Schaufeln zum Einsatz. Es ist geplant, fünf bis zehn der nachgewiesenen Töpfe freizulegen. Doch diesmal soll das Material nicht einfach nur aus dem Topf geschaufelt, sondern auch unter die Lupe genommen werden. Unter Leitung der Università degli Studi di Milano, Dipartimento di Beni Culturali e Ambientali,

▼ «Tromino» misst mithilfe von seismischen Wellen die vor unseren Augen verborgene Tiefe des Gletschertopfs (Foto: GGC).

und mit Dr. Riccardo Scotti, Università di Bologna/Servizio Glaciologico Lombardo, will man die verschiedenen Schichten untersuchen, die sich über Jahrzehnte, vielleicht sogar Jahrhunderte im Topf angesammelt haben. Sind Pflanzenreste enthalten, die im durchnässten Material komplett luftdicht lagerten, kann man ihr Alter feststellen. Vielleicht ist es sogar möglich, ihre Art zu identifizieren und somit zu bestimmen, welche Pflanzen damals in Cavaglia wuchsen. Die Artenzusammensetzung würde viel über die damaligen Klimabedingungen verraten. Das Material in einem Topf ist also nicht einfach durchnässter Schlamm mit Steinen dazwischen, sondern ist auch wie ein Buch über die Vegetations- und Klimageschichte, das nur noch gelesen und verstanden werden muss.

Der Gletschergarten ist wohl noch lange nicht vollständig erforscht. Wie viele Geheimnisse aus der letzten Eiszeit und den Tausenden von Jahren, die seither vergangen sind, hier noch verborgen liegen, werden wir vielleicht nie erfahren. Doch mit jedem weiteren Gletschertopf, der ausgegraben wird, steigt die Attraktivität des Gletschergartens. Und dies, obwohl sich die Gletscher jedes Jahr weiter von ihm entfernen.

LITERATURVERZEICHNIS

Alean J. 2010. Gletscher der Alpen. Haupt Verlag Bern.

Alean J. 2006. Schweizer Gletscher – Gefährdete Naturwunder. Mondo-Verlag, Vevey.

Amt für Wald und Naturgefahren Graubünden. 2017. Kurzbericht der Expertengruppe zu den Ereignissen Cengalo/Bondo für die Medienkonferenz.

Associazione del Giardino dei Ghiacciai di Cavaglia 2017. Campagna di indagine sismica passiva. Seconda campagna misure 14 giugno 2017, Rotary Club di Sondrio, Studio di geologia applicata Dr. Maurizio Azzola, Sondrio.

Beeler F. 1981. Das Spät- und Postglazial im Berninapassgebiet. In: Geographica Helvetica Nr. 3.

Bennett M. R. & Glasser N. F. 2009. Glacial geology – Ice sheets and Landforms. Wiley-Blackwell, a John Wiley & Sons, Ltd., Publication.

Bonardi L., Rovelli E., Scotti R., Toffaletti A., Urso M. & Villa F. 2012. I ghiacciai della Lombardia – Evoluzione e attualità. Servizio Glaciologico Lombardo, Editore Ulrico Hoepli Milano.

Bundesamt für Umwelt BAFU (Hrsg.) 2012. Auswirkungen der Klimaänderung auf Wasserressourcen und Gewässer. Syntheseubericht zum Projekt «Klimaänderung und Hydrologie in der Schweiz» (CCHydro). Bundesamt für Umwelt, Bern. Umwelt-Wissen Nr. 1217.

Burga, C A., Engeler, P., Leu, P., Welti, D., Reinalter, R. & Priewasser, K. 2010. Oberengadin: Samedan – St. Moritz – Bernina – Maloja, Graubünden, Schweiz: Vegetationskarte 1:50'000, Geologische Karte.

BUWAL, BWG, MeteoSchweiz 2004. Auswirkungen des Hitzesommers 2003 auf die Gewässer. Schriftenreihe Umwelt Nr. 369. Bern: Bundesamt für Umwelt, Wald und Landschaft.

Cohen D., Gillet-Chaulet F., Haeberli W., Machguth H. & Fischer U. H. 2017. Numerical reconstructions of the flow and basal conditions of the Rhine glacier, European Central Alps, at the Last Glacial Maximum. The Cryosphere Discussions, www.doi.org/10.5194/tc-2017-204.

Fischer M., Huss M. & Hoelzle M. 2015. Surface elevation and mass changes of all Swiss glaciers 1980-2010. The cryosphere, 9, 525-540. www.the-cryosphere.net/9/525/2015/ (10.03.2017).

Funk M., Bauder A., Farinotti D., Usselmann S. & Gabbi J. 2011. Gletscher- und Abflussverän-
derungen im Zeitraum 1900-2100 in sieben Einzugsgebieten der Schweiz. VAW-Teilprojekt von
CCHydro, Schlussbericht, im Auftrag des Bundesamts für Umwelt BAFU.

Guggenbühl Hp. 2011. Düstere Aussichten für Pumpspeicher-Kraftwerke. Berner Zeitung,
23.05.2011.

Haeberli W. 2017. Integrative modelling an managing new landscapes and environments in
de-glaciating mountain ranges: an emerging trans-disciplinary research field. MedCrave,
Forestry research and engineering: international journal, Volume 1, Issue 1.

Haeberli W. 2017. Glaciers. In: The International Encyclopedia of Geography. John Wiley &
Sons, Ltd.

Haeberli W., Bütler M., Huggel C., Müller H. & Schleiss A. 2013. Neue Seen als Folge des Glet-
scherschwundes im Hochgebirge – Chancen und Risiken. Formation des nouveux lacs suite au
recul des glaciers en haute montagne – chances et risques. Forschungsbericht NFP 61, Projekt
NELAK, vdf Hochschulverlag AG an der ETH Zürich.

Haeberli W., Wegmann M & vonder Mühll D. 1997. Slope stability problems related to glacier
shrinkage and permafrost degradation in the Alps. Eclogae Geologicae Helvetiae, Zeitschrift
der Geomorphologischen Gesellschaft, 90 (3).

Hunkeler D., Kozel R. 2013. Daniel Hunkeler: «In der Hydrogeologie wird der Klimawandel ein
wichtiges Thema bleiben» In: Aqua & Gas Nr. 3, 2013.

Hunkeler D., Perrochet P., Renard P., Schirmer M. & Zwahlen F. GW-TREND: Grundwasser-
knappheit durch Klimawandel?
www.nfp61.ch/de/projekte/projekt-gw-trend (21.02.2017).

IPCC, 2014. Climate Change 2014. Synthesis Report. Contribution of Working Groups I, II and
III to the Fifth Assessment Report of the Intergovernmental Panel on Climate Change, Core
Writing Team, R.K. Pachauri and L.A. Meyer (eds.). IPCC, Geneva, Switzerland.

Jost D. & Maisch M. 2006. Von der Eiszeit in die Heisszeit – Eine Zeitreise zu den Gletschern.
Zytglogge Werkbuch.

Kappenberger G. 2012. Ghiacciaio del Basòdino, bilancio di massa 2012. Ufficio federale di meteorologia e climatologia MeteoSvizzera.

Keller F. 1994. Interaktionen zwischen Schnee und Permafrost. Eine Grundlagenstudie im Oberengadin. Nr. 127, Versuchsanstalt für Wasserbau, Hydrologie und Glaziologie der ETH Zürich.

Keller F., Haeberli W., Rickenmann D. & Rigendinger H. 2002. Dämme gegen Naturgefahren. Tec21, sia, 17.

Kenner R. & Phillips M. 2017. Fels- und Bergstürze in Permafrost Gebieten: Einflussfaktoren, Auslösemechanismen und Schlussfolgerungen für die Praxis. Schlussbericht Arge Alp Projekt «Einfluss von Permafrost auf Berg- und Felsstürze». WSL-Institut für Schnee- und Lawinenforschung SLF.

Klok E. J. & Oerlemans J. 2004. Modelled climate sensitivity of the mass balance of Morteratschgletscher and its dependence on albedo parameterization. International Journal of Climatology 24, 231-245.

Klok E. J. & Oerlemans J. 2003. Temporal and spatial variation of the surface albedo of the Morteratschgletscher, Switzerland, as derived from 12 Landsat images. Journal of Glaciology 49 (167), 491-502.

Klok E. J. & Oerlemans J. 2002. Model study of the spatial distribution of the energy and mass balance of Morteratschgletscher, Switzerland. Journal of Glaciology 48 (163), 505-518.

Kneisel C. 2003. Permafrost in recently deglaciated glacier forefields – measurements and observations in the eastern Swiss Alps and northern Sweden. Zeitschrift für Geomorphologie 47 (3).

Kneisel C. & Hauck C. 2003. Multi-method geophysical investigation of an isolated permafrost occurrence. Zeitschrift für Geomorphologie.

Kozel R. 2013. Grundwasser in der Schweiz. Aqua viva 2/2013, Zeitschrift für Gewässerschutz.

Landolt E. 1992. Unsere Alpenflora. Verlag Schweizer Alpen-Club.

Lanz K. 2016. Wasser im Engadin - Nutzung, Ökologie, Konflikte. Studie im Auftrag des WWF Schweiz, Evilard.

Läubli M. 2016. Rettungsmission Morteratsch. In: Tagesanzeiger 25. 11. 2016. Machguth H. 2003. Messung und dreidimensionale Modellierung der Massenbilanzverteilung auf Gletschern der Schweizer Alpen. Diplomarbeit Geographisches Institut Universität Zürich.

Maisch M. 1982. Zur Gletscher und Klimageschichte des alpinen Spätglazials. In: Geographica Helvetica Nr. 2.

Maisch M., Burga C. A. & Fitze P. 1993. Lebendiges Gletschervorfeld – Von schwindenden Eisströmen, schuttreichen Moränenwällen und wagemutigen Pionierpflanzen im Vorfeld des Morteratschgletschers. Führer und Begleitbuch zum Gletscherlehrpfad Morteratsch. Gemeinde Pontresina, Geographisches Institut der Universität Zürich.

Maisch M. & Haeberli W. 2003. Die rezente Erwärmung der Atmosphäre – Folgen für die Schweizer Gletscher. Geographische Rundschau, 55 (2).

Maisch M. & Vonder Mühll D. 2002. Eine Landschaft lesen lernen – Gletscher und Permafrost im Oberengadin. Folienvorlagen und zusätzliche Materialien zu den Themen «Gletscherkunde/Glaziologie» und «Schnee-Eis-Permafrost», WBZ Kurs Oberengadin.

Maisch M. & Wick P. 2004. Die neue Schulpraxis, Themenheft Gletscher. Juni/Juli 2004, Heft 6/7.

Meuli K. Gletschereis zeichnet Klimageschichte auf. NFS Climate, The Swiss Climate Research Programme.

Müller P. 1987. Parametrisierung der Gletscher-Klima-Beziehung für die Praxis Grundlagen und Beispiele. Dissertation Nr. 8335. ETH Zürich.

Oerlemans J. 2007. Estimating response times of Vadret da Morteratsch, Vadret da Palue, Briksdalsbreen and Nigardsbreen from their length records. Journal of Glaciology 53 (182), 257-362.

Oerlemans J., Giesen R. H. & van den Broeke M. R. 2009. Retreating alpine glaciers: increased melt rates due to accumulation of dust (Vadret da Morteratsch, Switzerland). Journal of Glaciology 55 (192), 729-736.

Oerlemans J., Haag M. & Keller F. 2017. Slowing down the retreat of the Morteratsch glacier, Switzerland, by artificially produced summer snow: a feasibility study, Springer.

Oerlemans J. & Klok E. J. 2004. Effect of summer snowfall on glacier mass balance. Annals of Glaciology 38, 97-100.

Rothenbühler C. 2006. GISALP – Räumlich-zeitliche Modellierung der klimasensitiven Hochgebirgslandschaft des Oberengadins. Geographisches Institut der Universität Zürich.

Schifferli-Amrein M. & Wick P. 1973. Die Gletschertöpfe im Gletschergarten von Luzern. In: Geographica Helvetica Band 28, Heft 3.

Schneebeli M. 2015. Warum alter Schnee jung ist. Phys. Unserer Zeit 3/2015 (46) www.phiuz.de Wiley-VCH Verlag GmbH & Co. KGaA, Weinheim.

Schweizerische Gesellschaft für Hydrologie und Limnologie (SGHL) und Hydrologische Kommission (CHy) (Hrsg.) 2011. Auswirkungen der Klimaänderung auf die Wasserkraftnutzung – Synthesebericht. Beiträge zur Hydrologie der Schweiz, Nr.38, Bern.

Schwerzmann A. 2006. Borehole analyses and flow modeling of firn-covered cold glaciers. Mitteilungen der Versuchsanstalt für Wasserbau, Hydrologie und Glaziologie der ETH Zürich, Nr. 194.

Schwörer D.A. 1999. Auswirkungen einer möglichen Klimaänderung aufs Hochgebirge. www.alpineresearch.ch/1/welcome.html (13.05.2018).

Stauffer B. 2009. Von Alpinen Gletschern zur Erforschung polarer Eisschilde. In: Sonderdruck aus «Mitteilungen der Naturforschenden Gesellschaft in Bern», Band 66.

Vonder Mühll D. 1993. Geophysikalische Untersuchungen im Permafrost des Oberengadins. Dissertation Nr. 10107, ETH Zürich.

Wagnon P., Vincent C., Six D. & Francou B. 2007. Gletscher. Spektrum der Wissenschaft, Primus Verlag.

Winkler S. 2009. Gletscher und ihre Landschaften. WBG (Wissenschaftliche Buchgesellschaft) Darmstadt, Primusverlag.

Zekollari H. 2017. Modelling the evolution of glaciers and ice caps in a changing climate. Faculty of Science and Bio-Engineering Sciences – Department of Geography, Vrije Universiteit Brussel.

Zoller H., Athanasiadis N, & Heitz-Weniger A. 1998. Late-glacial and Holocene vegetation and climate change at the Palü glacier, Bernina Pass, Grisons Canton, Switzerland. In: Vegetation History and Archaeobotany 7, 1998.

DIGITALE QUELLEN

Abfluss-Werte. www.hydrodaten.admin.ch (28.10.2017).

Aus der Not machten sie eine Tugend: Über mehrere Jahrhunderte zogen brotlose Bündner Zuckerbäcker in die Ferne und gründeten berühmte Cafés und Konditoreien. www.engadin.stmoritz.ch (09.03.2017).

Bueller V. 2016. Erforschung der Auswirkungen von Trockenheit: Spuren des Klimawandels im Untergrund. www.bafu.admin.ch/bafu/de/home/themen/wasser/dossiers/erforschung-der-auswirkungen-von-trockenheit.html (13.05.2018).

EKK. 2017. Fortschreitende Erwärmung des alpinen Permafrosts. www.naturwissenschaften.ch/service/news/85582-fortschreitende-erwaermung-des-alpinen-permafrosts (20.04.2017).

GEO. 2004. Klimaforschung II: Die Alpen bröckeln. www.geo.de/natur/oekologie/10217-rtkl-klimaforschung-ii-die-alpen-broeckeln (24.04.2017).

Gletschertöpfe – nicht nur Zeugen der Eiszeit. www.erdwissen.ch/2013/01/ (27.03.2017).

Klimaänderung und Hydrologie 2018. www.naturwissenschaften.ch/topics/water/climate_change_and_hydrology (13.05.2018).

Negrini M. Val Malenco – Il sistema idroelettrico. www.malenco.it/idroelettrico.htm (13.05.2018).

Oerlemans J. 2016. Can the retreat of the Morteratsch glacier be stopped? www.uu.nl/en/news/can-the-retreat-of-the-morteratsch-glacier-be-stopped (14.05.2018).

Pro Natura. 2009. Wer wagt sich in Teufels Küche? Naturschutzgebiet Maloja (GR).
www.pronatura.ch/de/schutzgebiet-maloja (27.03.2017).

Schweizer Seen in von Gletschern geschaffenen Tälern.
www.erdwissen.ch/2012/03/ (27.03.2017).

Schweizerisches Gletschermessnetz.
www.glamos.ch; swiss-glaciers.glaciology.ethz.ch (14.05.2018).

Swiss Permafrost Monitoring Network. Aktuelle Informationen, Messdaten und Dokumentationen zum Permafrost.
www.permos.ch (14.05.2018).

UNEP, WGMS. Global glacier changes: facts and figures.
www.grid.unep.ch/glaciers (14.05.2018).

University of Colorado. 2012. Vulkanausbrüche lösten die Kleine Eiszeit aus.
www.scinexx.de/wissen-aktuell-14392-2012-02-01.html (09.03.2017).

Verband Schweizer Elektrizitätsunternehmen. 2013. Die Rolle der Pumpspeicher in der Elektrizitätsversorgung. Basiswissen-Dokument.
www.strom.ch (22.03.2017).

Gemeinde Pontresina
Vschinauncha da Puntraschigna

Kulturförderung Graubünden. Amt für Kultur
Promoziun da la cultura dal Grischun. Uffizi da cultura
Promozione della cultura dei Grigioni. Ufficio della cultura

SWISSLOS

ERNST GÖHNER
STIFTUNG

 ecomunicare·ch

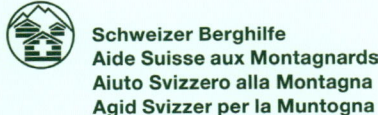

Stiftung Stavros S. Niarchos, Chur   Willi Muntwyler – Stiftung St. Moritz

Tino Walz – Stiftung Zuoz